如何告别懒惰的习性

基 础 素 质 培 养 丛 书

只有勤奋努力，才能使不幸变成幸运，才能把失败转化为成功！勤奋是一种品德，更是一种勇气，一种力量，勤奋是生存的一种姿态，是比站起来更重要的姿态，是强者力量的象征。

本书编写组◎编

U0701837

畅销版
课外阅读系列

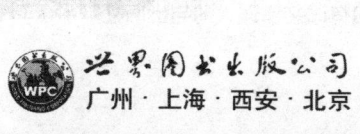

世界图书出版公司

广州·上海·西安·北京

图书在版编目（CIP）数据

如何告别懒惰的习性／《如何告别懒惰的习性》编
写组编．—广州：广东世界图书出版公司，2010.7（2022.3 重印）
ISBN 978－7－5100－2525－9

Ⅰ．①如… Ⅱ．①如… Ⅲ．①成功心理学－青少年读
物 Ⅳ．①B848.4－49

中国版本图书馆 CIP 数据核字（2010）第 147797 号

书　　名	如何告别懒惰的习性	
	RUHE GAOBIE LANDUO DE XIXING	
编　　者	《如何告别懒惰的习性》编写组	
责任编辑	张梦婕	
装帧设计	三棵树设计工作组	
责任技编	刘上锦　余坤泽	
出版发行	世界图书出版有限公司　世界图书出版广东有限公司	
地　　址	广州市海珠区新港西路大江冲 25 号	
邮　　编	510300	
电　　话	020-84451969　84453623	
网　　址	http://www.gdst.com.cn	
邮　　箱	wpc_gdst@163.com	
经　　销	新华书店	
印　　刷	三河市人民印务有限公司	
开　　本	787mm×1092mm　1/16	
印　　张	10	
字　　数	120 千字	
版　　次	2010 年 7 月第 1 版　2022 年 3 月第 11 次印刷	
国际书号	ISBN　978-7-5100-2525-9	
定　　价	38.00 元	

前　言

　　懒惰的人，不思进取，颓废认命，这样的人不会摆脱不幸，不会驱走不幸。只有勤奋努力，才能使不幸变成幸运，才能把失败转化为成功！

　　勤奋是一种品德，更是一种勇气，一种力量，勤奋是生存的一种姿态，是比站起来更重要的姿态，是强者力量的象征。

　　只有抱着一往无前的精神和必胜的信念，勤奋刻苦地做好每一件事情，才可能到达卓越的巅峰。人生只有克服懒惰，勤奋刻苦，努力拼搏，才能使生命更有意义。

　　每个人都有自己的梦想，但很多人会认为人生是上天安排的，于是给自己的懒惰寻找借口，不愿努力去改变自己的命运，因此，成功总是属于那些少数不肯认命的勤奋者。真正的胜者仅仅占人口总数的1%，甚至更少，他们都有一个明显的特征，那就是勤奋刻苦，努力拼搏，不肯认命。通过自己的努力，用自己的双手重新塑造自己的命运。成功者相信："我把握自己的命运，我创造自己的人生！"而懒惰者相信："我的命，天注定！再努力也没用！"于是继续懒惰下去。

　　在现实社会中，总有那么一些人：他们或因受宿命论的影响，凡事听天由命，而懒得努力；或因性格上的懦弱，习惯了依赖他人，而不愿刻苦；或因责任心太差，不敢承担责任，而懒得去做；或因惰性太强，好逸恶劳，而懒得吃苦；或因缺乏理想，浑浑噩噩，而懒得动弹……总之，他们认为命运是自己所不能改变的，因此，一遇挫折或失败就失去了斗志，陷入懒惰的习性不可自拔。

　　如果你渴望拥有成功的人生，那就应该克服懒惰习性，鼓起勇气，打破命运的桎梏，去努力改变自己的人生。

我们必须明白：懒惰的人，永远不会摆脱人生的不幸，也不会减弱人生的不幸，更不能驱走人生的不幸。只有勤奋努力，勇于拼搏的人，才能使不幸变成大幸，才能把失败转化为成功的人生！

本书列举大量的通俗易懂的故事，配以画龙点睛的点拨，来说明懒惰习性对人生的祸害，以及勤奋对人生成功的积极意义，希望广大青少年朋友们通过阅读此书，能够改变自己懒惰的习性，发奋图强，勤奋努力，创造自己辉煌的人生。

目 录
Contents

藐视困难，迎接挑战

没有人的生活会一帆风顺，在遭受屈辱、挫折时，你是选择逃避，还是选择坚强面对呢？如果是后者，你就能够把屈辱变成力量，从而改变自己的人生。正如诺曼·文森特·皮尔所说："逆境，要么使人变得更加伟大，要么使人变得非常渺小，从来不会让人保持原样。"的确，当我们身处逆境时，如果不屈服于命运的安排，不放弃自己的信念，就一定能够得到我们所追求的东西。

没有一蹴而就的事情

霍布斯毕业时，适逢经济不景气，大街上失业的人很多，但他仍怀着极大的热情和梦想，并对生活和未来充满希望，他相信凭自己的能力，一定能干出一番事业。

霍布斯的第一份工作，是在一家食品公司做业务员。营销系毕业的他对这份工作充满了信心。他想要在这一份工作中大展身手。

为了完成这一个月的推销任务，霍布斯整日四处奔波。

时间过得很快，一转眼，半个月过去了，可是霍布斯居然连一瓶葡萄酒也没有推销出去，当初的激情被无情的现实打消一半，现实和想象完全不一样。

后来，霍布斯又尝试地换了几份工作，但都总是离自己的要求相差甚远。

霍布斯开始怀疑起自己，对自己越来越失望。那段时间，他痛苦极了，人也变得沉默寡言。在姐姐的劝说下，他去看了心理医生。

那个心理医生的诊所是一个二层小楼，一进门，是一楼大厅，非常普通，没有什么特征，唯一不同的是大厅中间有一道楼梯，设计很别致，旋转成一个Ｓ型，通向二楼。霍布斯忍不住抬头往二楼看了看，但是看不到什么。

诊所在一楼拐弯处第一个门，霍布斯敲门进去，里面坐着一个气质儒雅的中年人，想必他就是心理医生了！

霍布斯在他对面坐下，讲自己遇到的事、自己的苦恼，讲了将近一个小时。医生只是静静地听，什么也不说。

等他讲完，医生看了看他，问："你刚才进来前，在想什么？"

霍布斯实话实说："我想：二楼一定很漂亮，为什么不把诊所设在二楼呢？"

医生笑了笑，说："好，你现在上二楼去看看吧？"

霍布斯有些莫名其妙，看看医生，转身出去上二楼。

等他回到诊所，医生又问："二楼怎么样？"

霍布斯点点头："挺好的，比一楼装修好，阳光也好。"

"你怎么上去的？"医生继续问。

"走上去的？"

"怎么走上去的？"医生跟着追问。

霍布斯看着医生，有点不耐烦："能怎么走？一步一个台阶走上去的！"

"对，一步一个台阶走上去的！任何事物都是这样，边体验，边完善，边前进，一步一个台阶地走。可是你想省略这些过程，想一步或者两步就跨上去，能做到吗？"

霍布斯不好意思地笑了。

心理医生那句"请上二楼"的话虽然简单，其实却蕴含丰富的人生哲理——人生如爬楼。不管你是到二层还是到二十层，都要从最底层开始，一步一个台阶地往上走。

 **习性点拨**

　　要想获得某一方面的成功，我们同样要从最基础的做起，世上没有一步登天、一蹴而就的事情。

在哪摔倒，在哪爬起

一位哲人曾说："成功的人不是从来未曾被困难击倒的人，而是在被击倒后，能够站起来并积极地往成功之路迈进的人。"的确，在获取成功的过程中，我们会被无数次击倒。但是，遭受打击并不可怕，遭遇厄运也不可悲，可怕的是你在打击面前站不直腰杆，可悲的是你在厄运面前彻底屈服。

我们人类总是理所当然地认为自己比动物聪明，但是动物生存的智慧，却常常值得我们人类学习，比如长颈鹿。

在动物王国里，把一只长颈鹿带到世上是一个艰难的过程。长颈鹿胎儿从母亲的子宫里掉出来，落到大约三米以下的地面上，通常后背着地。几秒钟内，小长颈鹿翻过身，把四肢蜷在身体下。依靠这个姿势，它第一次得以审视这个新鲜的但充满危险的世界，并甩掉眼睛和耳朵里最后残存的一点羊水。然后，长颈鹿母亲便用粗暴的方式把它的孩子带到现实生活中。

加里·里士满在他的著作《动物园观察》中描绘了一只新生的长颈鹿是如何学习它的第一课：

胎儿从子宫里落到地面上后，长颈鹿妈妈不是像其他动物那样，立即舔尽胎儿身上的羊水或其他东西，而是低下头，看清小长颈鹿的位置，并将自己确定在小长颈鹿的正上方。

等待了大约一分钟后，长颈鹿妈妈做出最不合常理的事——抬起长长的腿，踢向自己的孩子，让它翻了一个跟斗后，四肢摊开。

如果小长颈鹿不能站起身，这个粗暴的动作就被长颈鹿妈妈不断地重复。

小长颈鹿为站起来，拼命努力。但毕竟是新生儿，力量有限，小长颈鹿有时会停止努力。长颈鹿妈妈看到后，就会再次踢向它，迫使它继续努力。最后，小长颈鹿终于第一次用它颤动的双腿站起身来。

这时，长颈鹿妈妈做出更不合常理的举动——再一次把小长颈鹿踢倒！

为什么？长颈鹿妈妈是想让小长颈鹿记住自己是怎么站起来的。

在充满危险的荒野中，小长颈鹿必须能够以最快的速度站起来，以免使自己与鹿群脱离，在鹿群里它才是安全的。

狮子、猎豹、土狼等食肉动物都喜欢猎食小长颈鹿，如果长颈鹿妈妈不教会自己的孩子尽快站起来，与大部队保持一致，那么它就会成为这些"猎手"们的囊中之物。

长颈鹿妈妈如此做法，看似残酷，实则是对孩子的帮助，因为它不"残忍"，小长颈鹿就不能很快地站起来，而不能站起来，就意味着要遭受灭顶之灾。

 **习性点拨**

> 与长颈鹿再遭受打击而最终站起来相似的是，世界上绝大多数取得巨大成功的伟人们，也曾遭受过类似的打击。如达尔文、弗洛伊德、爱迪生等，在这些杰出人物奋斗的过程中，他们都曾遭遇当头一击，然后在接下来的许多年里，他们走投无路，但是每次被击倒后，他们总会勇敢地站起来！

没有台词也能成为主角

生活中有这样的一种人，总喜欢走到哪里都成为人们注意的焦点，在学校里希望自己的学习得到老师的肯定，一旦没有达到预期的效果，就会抱怨老师或同学；在家里，希望全家人以自己为"中心"，一旦有家人忽略了他，就认为是不尊重他；和朋友集会时，希望"众星"捧自己这个"月"，当有人表现出不恭时，就会不满，认为没有给自己"面子"。事实上，在每个人的一生中，都不可能永远做主角，但是，我们可以把没有台词的配角当成主角来演。

玛丽是一个10岁的小姑娘，她从小就希望自己能成为一名出色的演员。这不，机会来了，学校准备排练一部叫《圣诞前夜》的短话剧。玛丽热情地去报了名，对此，她的家人都表示了支持。

定角色那天，玛丽回到家后，径直去了自己的卧室，她的脸上没有了以前的笑容，眉头紧锁，嘴唇紧闭。家里人见状很是担心，便都跟了进去。

"你被选上了吗？"哥哥小心翼翼地问。

"是的。"玛丽的声音极细，那两个字简直是从牙缝里挤出来的。

"那你为什么不高兴呢？"父亲问。

"因为我的角色！这部短剧只有 4 个人物：父亲、母亲、女儿、儿子。"玛丽说。

"你的角色是什么？"父亲接着问。

"他们让我演……演一只狗！"玛丽说完，用被子蒙住了头。家里人只好默默地退出了她的房间。

晚饭后，父亲和玛丽谈了很久，但他们没有透露谈话的内容。

除父亲外，全家人都很奇怪玛丽为什么没有退出排练，因为她们认为演一只狗没什么好排练的。

但是，玛丽却练得很认真，很投入，她还用自己的零花钱买了一对护膝，据说这样她在舞台上爬时，膝盖就不会痛了。玛丽还告诉家里人，她的动物角色名叫"拉拉"。

演出那天，玛丽的家人早早地到了剧场。当灯光转暗时，演出正式开始了。

最先出场的是"父亲"，他在舞台正中的摇椅上坐下后，就大声召集家人出来讨论圣诞节的意义。接着"母亲"出场，她优雅地面对观众坐下。然后是一脸幸福的"女儿"和"儿子"，他俩分别跪坐在"父亲"两侧的地板上，然后把头倚在"父亲"的大腿上，眼睛却看着慈祥的"母亲"……

这是多么和睦、快乐的一家人啊！观众们想。

在这一家人热烈的讨论声中，玛丽穿着一套黄色的、毛茸茸的狗道具，手脚并用地爬进场。

然而，这不是简单地爬，"拉拉（玛丽）"蹦蹦跳跳、摇头摆尾地跑进客厅，她先在小地毯上伸个懒腰，然后用可爱的小鼻子嗅嗅男主人的脚尖，又抬起前脚朝两位小主人做了一个滑稽的动作，才在壁炉前安顿下来，并开始呼呼大睡，一连串动作，惟妙惟肖。很多观众都注意到了，四周传来轻轻的笑声。

接下来，剧中的"父亲"开始给全家人讲圣诞节的故事。他刚说到"圣诞前夜，万籁俱寂，就连老鼠……"

"拉拉"突然从睡梦中惊醒，机警地四下张望，仿佛在说："老鼠？哪有老鼠？"神情和真的小狗一模一样。舞台下玛丽的哥哥用手掩着嘴，强忍住笑。

男主角继续讲："突然，轻微的响声从屋顶传来……"昏昏欲睡的"拉拉"又一次惊醒，好像察觉到异样，它仰视屋顶，喉咙里发出呜呜的低吼。

太逼真了！可爱极了！玛丽一定费尽了心思。很明显，这时候的观众已不再注意主角们的对白，几百双眼睛全盯着"拉拉"。

因为"拉拉"的位置靠后，其他演员又都是面向观众坐着，所以观众可以看见玛丽，其他演员却无法看到她的一举一动。他们的对话还在继续，玛丽幽默精湛的表演也没有间断，台下的笑声更是此起彼伏。

那晚，玛丽的角色没有一句台词，却抢了整场戏。

后来，玛丽告诉哥哥说，让她改变态度的是爸爸的一句话："如果你用演主角的态度去演一只狗，狗也会成为主角。"

命运赐予我们不同的角色，与其怨天尤人，自暴自弃，还不如全力以赴，亮出最好的自己。

在人生的舞台上，你是不是经常扮演没有台词的角色？不要紧！如果你全身心地投入剧中，竭尽全力地去扮演好自己的角色，你也可能成为舞台上的"焦点"，成为万众瞩目的"主角"，只要你努力，谁说这样的幸运不会降临到你身上呢？

如果因为自己的角色没有台词，而采取应付的态度，那么你就在观众给你下"评语"之前提前宣判了自己的"死刑"。

 习性点拨

用什么样的心态对待自己的角色，就会有什么样的收获，你把自己当成主角，就能演出主角的风采。在此，我们有必要记住玛丽父亲的那句话："如果你用演主角的态度去演一只狗。狗也会成为主角！"

把阻力转化为动力

有这样一个很有意思的寓言：

有两颗绿豆躺在仓库里聊天。

"喂，老弟，听说过两天主人要把我们卖给豆芽加工厂。"甲绿豆对乙绿豆说。

"唉，我正担心此事呢，老哥，你说等待我们的将是什么样的命运呢？"乙绿豆说完，显得无精打采。

"听说有两个豆芽加工厂，但环境截然不同，一处是把我们压在巨石下，让我们发芽生长，另一处是直接放在地上，没有任何压力……"

"那我就选择没有压力的加工厂。"乙绿豆为自己的想法而沾沾自喜。

豆芽加工厂的老板来了，主人把正在聊天的两颗绿豆和其他的伙伴一起卖给了这位老板。

在过秤时，乙绿豆从加工厂老板与主人的对话中了解到将去的加工厂，其采用的是用石块压在地上，强迫绿豆芽生长的那种方法，便找了个机会，偷偷地从筐里溜了出来，躲在墙角边，他看到甲绿豆和同伴们被加工厂的老板带走时，心里偷着乐了。

第二天，主人打扫仓库时，发现了这颗绿豆，便把他捡了起来，丢进了另一筐绿豆中。后来这颗绿豆和其他同伴一起，被卖进了另一家加工豆芽的工厂。

在一个偶然的机会里，两个老朋友在一个菜摊上相遇了，只是现在他们都由绿豆成长为绿豆芽了。

"喂，老弟，你是营养不良吗？怎么长得又细又黄又长？"甲绿豆芽关切地问。

"哪里，我们的老板把我们往地上一摊，便不管了，我们没有压力，自由自在地生长，别提那日子过得多滋润。你看你，长得又大又肥又白，一定是被巨石加身了吧。"

"对，我们被主人压在一块笨重的巨石下，为了要生长，我们只得加倍地奋斗，艰难地破土而出，所以就长得像现在这样壮硕。"

"哟，受这么大的罪可真不值啊……"乙豆芽还准备说点什么，却听到一个来买菜的人说："这根豆芽菜又细又长又黄，肯定是没有经过压力生长的，这样的豆芽没有多少人喜欢的。"说罢，这根豆芽就被那个人用两根手指头轻轻夹起，丢到了地上，紧接着，又被过路人踩了一脚。

而那根经过巨石压迫长成的豆芽和他的伙伴们，则被这个人买走，用来招待最尊贵的客人。

有阻力不一定是坏事，在冲破阻力的同时，我们会明白：只有加倍努力的奋斗，方能脱颖而出，做一个生活的强者。

如同两颗绿豆一样，我们人类也经常面临着很多的阻力。面对阻力，不同的人有不同的反应。第一种人，面对嘲笑、愚弄、打击，会灰心丧气，主动退缩；第二种人，面对同样的困难，却不甘心屈服，他们变阻力为动力，不断进取，获得成功。

每个人都不是完美的人，因此，你的缺点可能会遭到别人的嘲弄，但是聪明的人会利用这种嘲弄来改进自己，并认为这是一件极为合算的事情。从嘲弄声中逃走是不行的，嘲弄就好像一只狗一样，狗看见你怕它，便更加追赶你，恐吓你。如果某种嘲弄把你吓住了，你便日夜都痛苦不安。但是，如果你回头对着狗，狗便不再吠叫了，反而摇着尾巴，让你来抚摸。

因此，只要你正面迎击对手的嘲弄，到头来，它反而会为你所征服，并转化成你前进的强大动力。

娜纱小学四年级时考试得了第一名，老师送她一本精美的世界地图作为奖励。她很高兴，跑回家就开始看这本世界地图。但很不幸，那天轮到她为家天烧洗澡水，她便一边烧水，一边在灶边看地图，看到一张埃及地图，想到埃及很好，有金字塔，有埃及艳后，有尼罗河，有法老，有很多神秘的东西，心想长大后，一定要去埃及。

看得入神的时候，突然脾气暴躁的父亲从浴室中冲了出来，喊道："你在干什么？"娜纱赶忙收好地图，回答："我在看地图。"父亲很生气，说："火都熄了，看什么地图！"她说："我在看埃及地图。"父亲跑了过去，夺下了地图，扔到一边，说："赶快生火！看什么埃及地图？我向你保证，你这辈子不可能到那么远的地方！"

娜纱当时看着父亲，呆住了，心想：爸爸怎么给我这么奇怪的保证，真的吗？我这一生真的不可能去埃及了吗？20年后，娜纱成了美国哥伦比亚广播公司的著名记者，长年在世界各地作采访。当然，她不会忘了过去的梦想——去埃及。

有一次，她坐在金字塔前面的台阶上，买了张明信片，写信给她的父亲。她写道："亲爱的爸爸：我现在在埃及的金字塔前面给您写信。记得小时候，您扔了我的地图册，保证我不能跑到这么远的地方来。而现在，我就坐在这里。给您写信。您的责怪成全了我！"

一位小学教师给他的学生布置了一个作业：写一个报告，题目是"长大后的志愿"。

其中一个小男孩，洋洋洒洒写了7张纸，描述他的伟大志愿。那时他想拥有一座属于自己的牧马农场，并且仔细画了一张200亩农场的设计图，上面标有马厩、跑道等的位置，然后在这一大片农场中央，还要建一栋占地1200平方米的豪宅。

小男孩花了很多时间把报告完成了，第二天又给了老师。两天后他拿回了报告，第一页上打了一个又红又大的F，旁边还写了一行字：下课后来见我。

脑中充满幻想的小男孩下课后带着报告去找老师："为什么不给我及格？"老师回答道："你年纪轻轻，不要老做白日梦。你没钱，没家庭背景，什么都没有，盖座农场可是个花钱的大工程，你要花钱买地，花钱买纯种马匹，花钱照顾它们，你别太好高骛远了。"

老师又说："你如果肯重写一个比较不离谱的志愿，我会重打你的分数。"

小男孩回家后，反复思量了几次，然后征询父亲的意见。父亲只是告诉他："儿子，这是非常重要的决定，你必须拿定主意。"

再三考虑了好几天后，他决定原稿交回，一个字都不改。他告诉老师："即使拿个大红字，我也不愿放弃梦想。"

若干年后，这个男孩成了世界闻名的大富豪，他按幼时的梦想建了一个大农场。他的名字叫鲍洛奇，是著名的"推销大王"。

把阻力变成动力，是成功者之所以成功的原因之一。如果一遇阻力就放弃、退缩，成功就会遥遥无期。

把屈辱变成力量

没有人的生活会一帆风顺，在遭受屈辱、挫折时，你是选择逃避、还是选择坚强面对呢？如果是后者，你就能够把屈辱变成力量，从而改变自己的人生。正如诺曼·文森特·皮尔所说："逆境，要么使人变得更加伟大，要么使人变得非常渺小，从来不会让人保持原样。"的确，当我们身处逆境时，如果不屈服于命运的安排，不放弃自己的信念，就一定能够得到我们所追求的东西。

基里奥虽然是古希腊的一个奴隶，但他很有艺术天才。当他正从事一组雕塑的创作时，国家却颁布了一条法律：奴隶从事艺术创作要被判处死刑。但此时，基里奥把他的整个身心、灵魂和生命都投入到这组雕塑上了。

基里奥拉——基里奥的姐姐，和弟弟一样都感受到了巨大的打击。但她鼓励弟弟说："到我们房子下面的地窖去，我给你点灯，给你食物，继续工作吧，上帝会保佑我们的！"

在地窖里，基里奥在姐姐的保护和参与下，夜以继日地进行着他那光荣而危险的工作。

不久，在希腊的雅典举行了一个艺术品展览会，由政府显要兼艺术家波力克主持，希腊当时最著名的雕塑家菲狄亚斯、哲学家苏格拉底以及其他有名的人物都参加了。

许多大师们的作品都在那儿，但是，有一组雕塑，比其他所有的作品都漂亮得多，它好像是阿波罗神自己的作品。这组大理石雕塑吸引着所有人的目光。艺术家们同声赞叹，心服口服，没有一点妒意。

"这组雕塑是谁的作品？"没有人说话，传令官又重复了这个问题。还是没有人回答。"怪了，难道是这一个奴隶的作品吗？"

在一阵剧烈的骚动中，一个衣发散乱的美丽少女被拖了出来，她紧闭着嘴，眼中闪烁着坚定的神情。

"这个姑娘知道这组雕塑，我们肯定这一点，但是她不肯说出雕塑者的名字。"官员们喊道。

人们问基里奥拉，但是她就是不肯说话。人们告诉她，她这样的行为是要被惩处的。但是她还是不说话。

"那么"波力克说，"法律是强制的，我是执法大臣，把她关进地牢里去！"

这时，一个留着长发、面容憔悴，然而眼中闪耀着智慧光芒的年轻人冲到了波力克面前："放了她吧，我是雕塑者。那组雕塑是我的作品，一个奴隶双手的劳动。"

人们鼓噪起来，他们呼喊着："下地牢！下地牢！处死这个该死的奴隶！"

但是，波力克站了起来："不！只要我还活着，就要保护那组雕塑！是阿波罗神用这组雕塑告诉我们，在希腊，有比一条不公正的法律更崇高的东西。法律最崇高的目标就是保护和发展美好的事物。雅典之所以能闻名世界，那就是因为她对不朽艺术的贡献。这位年轻人不应该下地牢，而应该站在我的身边！"

终于，在人们的面前，波力克的助手阿士巴莎把手里标志胜利的橄榄枝桂冠戴到了基里奥头上，而且，在许多人的拍手赞同声中，阿士巴莎亲吻了基里奥那勇敢而深情的姐姐。

 **习性点拨**

> 在挫折与磨难面前，我们不应该畏缩，而应该奋勇前进。唯有与厄运做不懈抗争的人，才有希望看见成功女神高擎着的橄榄枝。

在困难面前要迎难而上

一天，罗克斯走在美国佐治亚州某个森林里的小路上，看见前面的路当中有个小水坑。他只好略微改变一下方向从侧翼绕过去，就在接近水坑时，他遭到突然袭击！

这次袭击是多么出乎意料！而且攻击者也是那么出人意料。尽管罗克斯受到四五次的攻击还没有受伤，但他还是大为震惊。他往后退了一步，攻击者随即停止了进攻。那是一只蝴蝶，它正凭借优美的翅膀在他面前作空中盘旋。

罗杰斯要是受了伤的话，他就不会发现个中情趣；但他没有受伤，所以反倒觉得好玩，于是他笑了起来。他遭到的攻击毕竟是来自一只蝴蝶，而它的攻击的力量是微不足道的。

罗杰斯收住笑，又向前跨了一步。攻击者又开始向他俯冲过来。它用头和身体撞击他的胸脯，用尽全部力量一遍又一遍地击打他。

罗杰斯再一次退后一步，他的攻击者因此也再一次延缓了攻击。当他试图再次前进的时候，他的攻击者又一次投入战斗。它一次又一次地撞击在他的胸脯上，他感到莫名其妙，不知道该怎么办才好，只好第三次退后。不管怎么说，一个人不会每天碰上蝴蝶的袭击，但这一次，他退后了好几步，以便仔细观察一下敌情。他的攻击者也相应后撤，栖息在地上。就在这时他才弄明白它刚才为什么要袭击他。

原来蝴蝶有个伴侣，就停在水坑边上它着陆的地方，但它好像受伤了。攻击罗杰斯的那只蝴蝶呆在伴侣的身边，翅膀一张一合，好像在给伴侣扇风。罗杰斯对蝴蝶在关心它的伴侣时所表达出的爱和勇气深表敬意。尽管它的伴侣快要死去了，而来者又是那么庞大，但为了伴侣，它依然责无旁贷地向他发起进攻。它这样做，是怕他走过时不经意地踩到它的伴侣，它在争取给予伴侣尽可能多一点生命的珍贵时光。

现在，罗杰斯总算了解了它战斗的原因和目标。留给他的只有一种选择，他小心翼翼地绕过水坑到小路的另一边，顾不得那里只有几寸宽的路埂，而且非常泥泞。它为了它的伴侣在向大于自己几千倍的敌人进攻时所表现出的大无畏气概值得罗杰斯这么做。

它最终赢得了和伴侣厮守在一起的最后时光，静静地，不受打扰。罗杰斯为了让它们安宁地享受在一起的最后时刻，直到回到车上才清理皮靴上的泥巴。

这件事深深地影响了罗杰斯。从那以后，每当面临巨大的压力时，罗杰斯总是想起那只蝴蝶的勇气。他经常用那只蝴蝶的勇猛气概激励自己、提醒自己：美好的东西值得你去抗争，这是一种最难能可贵的个性！

面对困难，有勇气的人会迎难而上，而那些丧失斗志的人则会绕着困难走。所以，生活中的成功者大多是前一种人。勇敢不是鲁莽，而是一种高贵的品质，它鄙薄、蔑视恐吓我们的东西。

 习性点拨

> 勇敢是一种力量，但不是腿部和臀部的力量，而是心灵的力量，这种力量存在于我们自身之中。

在逆境中寻找第二条出路

"我出生在农村，家里没钱供我上大学。"

"我的父母都是普通工人，我没有任何靠山，而没有后台是做不成任何大事的。"

以上这些都是生活中的那些失败者为自己找的借口。

但事实并非如此，因为天无绝人之路，只要你努力，永不放弃，那么不管人生多么坎坷，你都不会被生活击垮。

在中国，肯德基快餐店几乎家喻户晓。在许多人眼里，其创始人哈伦德·山德士是幸运儿，是成功人士。但是，又有几个人知道他成功前的艰辛呢？

5岁的时候，哈伦德就失去了父亲。由于家庭困难，14岁那年，他被迫从格林伍德学校辍学，成了一名靠自己劳动去糊口的少年。由于年龄小，力气小，最初哈伦德只能在农场干杂活，接着又到电车上当售票员，但上苍似乎赋予了他比常人更多的苦难。

两年后，他又失业了。

16岁时，哈伦德谎报年龄参了军，但是军旅生涯对于他来说糟透了。

一年的服役期满后，哈伦德去了阿拉巴马州，在那里他开了一家铁匠铺，但不久就倒闭了。无奈之下，哈伦德又开始了另一份工作——在南方铁路公司当机车司炉工，他非常喜欢这份工作，并全心全意地去做好。

哈伦德在工作稳定下来后，于18岁时结了婚。但仅仅过了几个月，他被莫明其妙地解雇了。当他拿着解聘书回家时，妻子交给了他一张医院的化验单——妻子怀孕了。

哈伦德开始疯狂地找工作，只要能赚到钱，再苦再累的活他都乐意去干。但是，无法忍受贫寒的妻子趁他在外奔波时，席卷他们所有的财产，逃回了娘家。

紧接着，大萧条开始了，到处都是失业者。但是，哈伦德没有因为一连串的失败而放弃，别人也是这么说的，他确实非常努力了，但幸福女神总是没有眷顾他。

接下来的日子里，哈伦德边打零工边通过函授学习法律。但因生计所迫，他再一次放弃了学业。这期间，他卖过保险，推销过轮胎，经营过一条渡船，还开过一家加油站，但无论他怎么努力，最终都失败了。

"你就认命吧！你永远也成功不了，你身上的每一个细胞都含着失败的基因。"

"不，我不相信！我要努力！"哈伦德反驳道。

这一次，哈伦德计划着一次绑架行动，将要被绑架的人则是他自己的女儿。他观察过女儿的习惯，知道她每天下午两点到三点之间，总会从外公的家里出来玩，尽管自己的日子过得很糟糕，但是，哈伦德仍想从离家出走的妻子那里夺回自己的女儿。虽然绑架的行为很可耻，他也痛恨自己的行为，但他不愿意放弃，他太希望得到自己的女儿了。

但是，命运之神又与他开了个不大不小的玩笑——一整个下午，他的女儿都未出来玩。

至此，哈伦德还是没有突破他一连串的失败。

后来，哈伦德成了一家小餐厅的主厨。当哈伦德喘一口气，以为命运女神已为他戴上花环的时候，一条新修的公路刚好穿过那家餐厅，他又一次失业了。

接着，哈伦德就到了退休的年龄。当然，他不是第一个，也绝不是最后一个到了晚年还没有做过什么值得骄傲的事情的人。日子在平淡中一天天过去，眼看一辈子都要结束了，但此时的哈伦德依然一无所有。

一天，邮差为他送来了他的第一份社会保险支票。

"什么？养老支票！我老了吗？"哈伦德愤怒了，也觉醒了。哈伦德收下支票后，并用它开创了新的事业。

而今，肯德基快餐连锁店遍布全球。哈伦德·山德士也终于在 88 岁高龄时迈上了成功之路。

哈伦德成功的故事给了我们这样一个启示：即使上帝关上了所有的门，也会给你留一扇窗。而你自己一定要努力，要有永不言弃的精神，这样就会创造出奇迹。

习性点拨

> 成功之路往往是由失败铺成的。当一条路被堵死时，我们要做的第一件事情就是，继续寻找第二条路，第三条路……直到找到成功的正确途径。

成功没有捷径

珍贵的东西总是得来不易，要想获得成功，就得付出昂贵的代价。换句话说，成功没有任何捷径，你想得到多少，就得付出多少。审视成功者的生活，你将会发现，他们付出了与所取得的成就相对等的代价。在取得成就之前，必须花上许多年的努力与准备，这是想要在不论艺术、医学、科学或商业等任何领域出人头地的不变法则。

许多人之所以与成功无缘，正是因为他们不想付出代价。美国女高音歌唱家席尔丝说："没有一条捷径会通往值得你去的地方。"如果你渴望成功，就应该知道成功的基础是专注，是付出，是持续的努力。如果你想寻找简易的捷径帮你达到目的，那么无论目标是减轻体重、获得财富、晋升职位，你都会大失所望。

罗伯顿是一家大型工厂的员工。一天，老板把他叫到办公室，对他说："罗伯顿，鉴于公司目前的市场销售情况很不理想，我决定把你从总裁办公室调到销售部，让你去德州开拓新的销售市场。"

"可是，先生，你让我去从事销售工作，这与我的专业不对口啊！"罗伯顿不满地抗议道。

"我知道，你现正年轻，我也希望你能到销售一线去锻炼一下，再说，公司的确需要增加销售人手。"老板耐心地向罗伯顿解释道。

"既然如此。你为什么不派克鲁斯去呢？他或许比我更合适。"罗伯顿推脱说。

"哦，克鲁斯，我将派他去加利福尼亚州。"

"那……假如公司已决定我非去销售部不可，那就让秘书处给我准备好去德州要用的所有资料吧，否则，我是无法去的，到那里开拓新的销售市场，实在是太困难了。而且，那里的条件远不如总部好……"罗伯顿在老板面前找出了诸多不愿意去的理由。

最后，老板只好同意罗伯顿留在公司总部。但从此以后直到退休，罗伯顿一直在总裁办公室从事一般性的文字工作，昔日他身边的同事们要么高升，要么到外地分部任经理了。

罗伯顿有时也对自己的境遇表示不满，甚至认为老板不公平，才导致他终身从事一种平凡的工作，以致自身的潜能无法得到发挥。但他却从来没有想过，他今天的境遇是自己一手造成的，因为他不愿意承担责任，不愿意付出比别人多的辛劳，而是找理由、找借口拒绝有挑战性的工作。

 习性点拨

当你决定了自己的目标，也想清楚了愿意为目标付出的代价后，你就得准备，在所有投资有所回收之前，慷慨而长期地付出你的时间和才智。那些所谓一夜成名的人，在众人肯定他们的成就之前，也都曾默默无闻地奋斗过许多年。

视挫折为人生的财富

拉尔夫曾说："挫折是成功的前奏曲，因挫折而一蹶不振的人，是生活的失败者，视挫折为人生财富的人，才会获得成功的桂冠。"的确，很多成功者都是在经过多次失败后，才获取成功的。

英国著名学者、作家迪士累利是在遭受了一系列失败的打击之后，才在文学领域取得了人生历程的第一个成就。他的作品《阿尔罗伊的神奇传说》和《革命的史诗》遭到了人们的冷嘲热讽，甚至有人骂他是个精神病患者，他的作品也被人们视为神经错乱的标志。但他毫不气馁，依然继续坚持不懈地从事文学创作，后来终于写出了《康宁斯比》、《西比尔》和《坦康雷德》等优秀作品，被人们誉为文学精品，深受读者喜爱。

迪士累利作为一个杰出的演说家，但他在国会下院的首次演讲却以失败而告终，被人戏称为"比阿德尔菲的滑稽剧还要厉害的尖锐叫嚷声而已。"迪士累利曾在乐队担任词曲作者，他雄心勃勃，一心想创作出一流的词曲作品来，可是他所创作的每一句词曲都得到了人们的"哄堂大笑"，悲剧《哈姆雷特》被他演奏成了与原剧的风格风马牛不相及的喜剧。

面对自己那充满学识的演说屡次遭到人们的冷嘲热讽，迪士累利苦恼之际，举起双臂大声向人们喊道："我已多次尝试过很多事情了，这些事情部是在你们的嘲讽下最终取得了成功。我坚信今天的嘲讽只会令我更加努力。总有一天，你们听到我演说的时机会再次来到，到那时，也许该嘲笑的是你们！"

真的，正如迪士累利所说，这一天果真来了。最终，迪士累利在世界第一次绅士大会上那扣人心弦的演讲，向人们展示了勇往直前的力量和决心将会干出多么杰出的成就，因为迪士累利就是靠辛劳和汗水获得了这样的成功。成功就是最大的报复。他不像许多年轻人那样，遇到失败和挫折就一蹶不振，就躲到阴暗的角落里再也不敢见人。

迪士累利不是这样的人，他遭受失败的打击后依然继续努力，愈加奋斗不止，勇往直前。他认真地反思自己，抛弃过去身上存在的缺陷，发扬受公众欢迎的长处，孜孜不倦地练习演说的艺术，刻苦学习议会知识。为了成功，一次次地用"成功就是最大的报复"来鼓励自己。最后成功终于来了，虽然来得确实慢了点：最后议会同他一起欢笑，而不是嘲笑。早年失败的记忆自此从头脑里烟消云散，此时公众一致认为，他是议会里最成功和最有感染力的议长之一。

迪士累利在遭受挫折的打击后，不是消沉，而是愈加奋斗，直到取得成功。他的经历向我们揭示了这样一个真理："成功只属于生活的强者!"而要做生活的强者，获得事业上的成功，就必须战胜人生道路上的艰难险阻，克服各种各样的挫折与坎坷。

美国国际商用机器公司（IBM）的创始人托马斯·约翰·沃森生于美国纽约州北部一个贫困的农民家庭。父亲是来自英国的移民，靠伐木和种地谋生。

17岁时，沃森便赶着马车替老板到农户家推销缝纫机、钢琴和风琴。他整天奔波在崎岖的乡间小路上，挨门挨户兜售。开始，他对老板付给他每星期12美元的工资还挺满意。后来，他从另一个推销员那里得知，他实际上被老板骗了，因为其他推销员通常拿的是佣金，而不是工资，如果按佣金计算，他每个星期应得65美元。当他找到老板要求补发薪水时，却被告之公司已解雇了他，理由是他工作不努力。沃森虽然不服气，却又找不到说理的地方，他只好带着受挫的心离开家乡，到大城市布法罗，希望能找到按佣金付酬的推销员工作。

当时正是经济萧条时期，城里工作也相当难找。2个月过去了，沃森才被一家公司录取为推销缝纫机的推销员。后来，他又推销股票，好不容易积攒一笔钱，开了一家肉铺。但好景不长，他的合伙人在一个早上把他的全部资金席卷一空溜走了。肉铺倒闭，沃森破产了，只好又干起推销的老本行。他在国民收银机公司当一名推销员。几经挫折的沃森，怎么也没想到，这正是他把握自己命运、走上成功之路的起点。

国民收银机公司的总裁约翰·亨利·帕特森是一个杰出的现代商业先驱，也是现代销售术的鼻祖。沃森在他手下干了18年，他的推销艺术和经营之道对沃森产生了巨大而深刻的影响。在帕特森的严格训练下，沃森如鱼得水，充分发挥出自身的潜能。

进入国民收银机公司仅仅 3 年后，沃森就成了公司的明星推销员，其佣金破纪录地达到一星期 1225 美元。后来，沃森被提升为分公司经理。

到 1910 年，他已经成为公司中仅次于帕特森的第二号人物。但在那以后，厄运又一次向他袭来。

以独裁专横闻名的帕特森，总是解雇虽有功绩但可能对他造成威胁的雇员。1913 年夏天，帕特森听信一个副总裁的谗言，认为沃森拉帮结伙、扶植亲信，便决定要辞退他。

沃森努力为自己申辩，但毫无结果，无奈于次年 4 月愤而辞职。他发誓要做出一番属于自己的事业。就在走出公司办公大厦时，他转身对一个朋友说："这里的全部大楼都是我协助筹建的。现在我要去另外创建一家企业，一定要比帕特森的还要大！"

后来，他果然创办了具有国际声誉的 IBM 公司。

由此可见，只有在挫折面前不退缩，百折不挠，才能为自己开创光辉的未来。

 **习性点拨**

> 在生活和工作中，我们也会遭受失败，但如果我们能像迪士累利和沃森那样，在遭受打击时，仍然对生活，对事业抱着坚定的信念，那么我们就踏上了成功的第一步。

失败是胜利的前奏

尼克松在未登上总统宝座前，无论是生活还是工作，他都遭受了一系列失败。但是，尼克松在失败面前没有一味抱怨命运不公平，也没有怨天尤人，而是从失败中站起来，鼓足勇气再一次前进。经过一系列磨难后，他终于修成"正果"——登上了权力最高峰，成为了美国的总统。

小时候，尼克松常常为家里的店铺干活，早晨四点起床，赶着马车来回走两个小时的路，买回新鲜的蔬菜水果。并把它们洗净、分开。然后再去上学。即使是假期，他也要给游泳池当看门人，为鸡鸭店拔毛。幼小的尼克松就在这样的磨练中一天天地成长。

1934年大学毕业后，尼克松进入了条件比较艰苦的杜克大学深造。在一间小木屋里，四人合睡两张铁架床，寒天烧废纸取暖。为节约钱，他早上只吃一块糖。为此，他在学校里找了些事做，以改善自己的生活状况。

毕业后紧接而来的就是找工作，成绩名列前茅的他此时并未得到命运之神的恩宠，在纽约，他四处碰壁，只好回到了惠蒂尔，在老家当律师。为了获得州律师资格，他花了6个星期准备，学习那些他从未学过却要考试的东西。几经周折后，他获得了录取通知书，命运之神终于向他敞开了大门。

但是，尼克松在后来的日子里也不是一帆风顺的。

1960年，尼克松在总统竞选中遭到了令他遗憾终生的惨败。竞选双方的选票是有史以来最接近的一次。如果能在伊利诺、密苏里、特拉华和夏威夷再获得11085张选票，那么美国历史就会改写。这使尼克松一想起来就觉得不是滋味。

两年后，尼克松又遭到了一次更惨重的失败——竞选加州州长的失败。尼克松责骂了新闻界，同时，也遭到了以美国广播公司为首的新闻界的报复。新闻媒介的宣传几乎结束了他的政治生命和前途。

历经了失败后，尼克松并未因此而气馁。他挂牌开张当律师，加强对金融界和企业界的了解；几次亲赴越南了解局势；撰文发表自己对内对外政策的看法。

经过多年的磨砺后，尼克松终于获得了成功。他充满信心地登上了总统的宝座。

在失败面前，如果尼克松一蹶不振，那么在美国的历史上，就绝不会有尼克松这位总统的名字。因此可以这样说：尼克松的胜利，是"超越失败"的胜利。

很多时候，失败可能是变相的胜利，最低潮就是最高潮的开始。然而，很多人却不懂得这个道理，在工作中一遭受失败就放弃，或是坐下来叹息，却从没有想办法去克服眼前的难关，而且对前途也失去了信心。

面对这些失败，你是选择继续奋斗，还是放弃，从此彻底被失败击垮呢？如果是前者，你一定能获得成功；如果是后者，你则会给自己永远贴上失败的"标签"。

艾柯卡曾是福特汽车公司的总经理，后来又成为了克莱斯勒汽车公司的总经理。他的座右铭是："奋力向前，即使时运不济，也永不绝望，哪怕天崩地裂。"

艾柯卡靠自己的奋斗，在福特公司由一名普通的推销员，终于当上了总经理。但是后来被大老板亨利·福特开除了。

此时，艾柯卡在福特已工作了 32 年，并且当了 8 年的总经理，他的事业很顺利，从来没有在别的地方工作过，突然间失业了。昨天他还是英雄，今天却好像成了麻风病患者，人人都远远避开他，过去公司里的所有朋友都抛弃了他，这是他生命中最大的打击。"艰苦的日子一旦来临，除了做个深呼吸，咬紧牙关尽其所能外，实在也别无选择。"艾柯卡是这么说的，他也是这么做的。他没有倒下去。他接受了一个新的挑战——应聘到濒临破产的克莱斯勒汽车公司出任总经理。

艾柯卡，这位在世界第二大汽车公司当了 8 年总经理的事业上的强者，凭他的智慧、胆识和魄力，大刀阔斧地对企业进行了整顿、改革，并向政府求援，舌战国会议员，最终取得了巨额贷款，重新拯救了克莱斯勒汽车。

1983 年 8 月 15 日，艾柯卡把面额高达 81348 亿多美元的支票，交给银行代表手里。至此，克莱斯勒还清了所有债务。而恰恰是 5 年前的这一天，亨利·福特开除了他。

对于那些有积极心态的人来说，每一种逆境都令人渴望的挑战。有时。那些看似很困难的事情，只要你有信心，问题就会迎刃而解。

事实上，失败是有教导性的。真正懂得思考，懂得运用积极思维方法的人，能从失败中学到很多有益于自己的东西。

 习性点拨

> 记住罗曼·罗兰曾说的这句话吧，它会使你受益终生："失败可以锻炼一般优秀人物，它挑出一批心灵，把纯洁和强壮的放在一起，使他们变得更纯洁，更强壮；但它把其余的心灵加速它们的堕落，或是斩断它们飞跃的力量。"

磨难是人生财富

生活中的磨难可以锻炼我们的意志，也可以将我们打倒，这完全取决于我们用什么样的态度去处理。美国著名作家罗威尔曾说："人世中不幸的事如同一把刀，它可以为我们所用，也可以把我们割伤，那要看你握住的是刀刃还是刀柄。"在这里，刀柄就是指把不幸转化为幸运的一面。

一位神父到欧洲大陆旅行，住在某城市的一个旅店里。

一天早上，他起床后呆在自己的房间，这时楼下传来的口哨声引起了他的注意。那悠扬的声调让他为之一振。

起初，神父以为那是一种善啼的鸟类发出的声音，转念一想又觉得不可能，因为口哨声听来婉转细腻，极具穿透力。

于是，神父跑下楼去，想看看演奏者的庐山真面目。神父仔细打量每一个他遇见的人，但似乎都不是他们发出口哨声。

最后，神父只好问旅店服务员："是谁吹出如此美妙的哨声呢？"

服务员听后哈哈大笑，指了指挂在大厅内笼子里的鸟。那是一只个头很小的金丝雀，看上去毫不起眼，然而发出哨声的正是它。

"究竟用了什么方法，能让它吹出如此美妙的哨声？"这位神父不解地问。

服务员介绍说："在这只鸟很小的时候，就要对它进行训练，而且每次训练前不给它进食，把它饿得有气无力，然后将它关在一个漆黑的密闭房间里。在这种环境下，除了自己发出的哨声，鸟听不到任何其他的声音。这样才使得它心无旁骛，不受外部世界的干扰，几天甚至十几天地重复吹唱同样的哨声。日复一日，它的发声器官逐渐发育成熟，变得适合吹出动听的口哨声。经过这种近乎残酷的折磨后，这只鸟最终练就了一副金嗓子。"

人生中能够遇到一些磨难，是一件值得高兴的事情，如果没有了这些，人生就不能称其为人生。虽然困境有其令人难以接受的一面，但人们在成长中却又不可缺少困难的磨练。

"宝剑锋从磨砺出，梅花香自苦寒来。"鸟儿要练成一副金嗓子，得经过黑暗、饥饿、孤独等的煎熬。同样的道理，要想获得成功，我们也得经历一番磨练才能有所收获。

敢于背水一战

法国作家大仲马最开始的工作并不是写作。当时迫于生计，他在奥尔良府上做书记员。但大仲马没有忘记当作家的初衷，他利用工作之余的时间写出了《亨利第三和他的宫廷》。看过他剧本的人无不为之赞叹叫绝，当时的法兰西剧院不顾剧本可能招致的政治冲突，破例接下了这个戏。

第二天，消息便传到了公爵总管那里。总管以不务正业为由，怒传大仲马到办公室，让大仲马在剧作者和书记员两种职业中选择一个。

面对权贵的威胁，大仲马不卑不亢："我是不会辞职的。至于我的薪水，如果那每月125法郎对于公爵殿下的预算是一种负担，我可以放弃。"

大仲马冷静而自尊地结束了这次离职对话。次日，他的薪水被停发了。

当时，这位从小镇的败落名门走出来的年轻人颇费了一番周折才谋到这个差事，他很清楚丢了工作对自己意味着什么，但为了创作事业他毅然选择了生存危机。

不过，大仲马还是幸运的，在朋友的帮助下，他与一位银行家谈妥，用剧作的一个副本作抵押，存入银行金库，贷款3000法郎，并保证剧本上演后将连本带息一次还清。在银行的支持下，大仲马绝处逢生。

由于大仲马巧妙地自荐与力争，《亨利第三和他的宫廷》在法兰西剧院首演的包厢被奥尔良公爵预订一空，二三十位亲王、公主的出席使整个剧院一派豪门华光。

自帷幕升起，惊心动魄的新式剧情便不断赢得观众们热烈的掌声。大仲马曾担心第三幕情节过激，看惯了传统剧的观众会难以接受，没想到竟招来满堂喝彩。演到第四场，全场观众兴奋地起立欢呼。

当剧终宣布剧作者的姓名时，全场观众再一次起立向大仲马致敬，文坛巨匠维克多·雨果也在其中。

这次演出获得了巨大的成功，大仲马一夜之间成为法国著名的作家。

大仲马的成功是靠"背水一战"换来的，他突破了传统的束缚和顶住了外界的压力，结果"起死回生"。可见，有些"禁区"并不是像我们想象的那样可怕，鼓起勇气走进去，反而会有"柳暗花明又一村"的景致。

 习性点拨

> 同样，如果我们像大仲马一样，面对挫折不屈不挠，不怕坎坷，多一些对艰辛的忍耐，就会收到意想不到的回报。

挫折是成功的垫脚石

在我们的人生中，很少有一帆风顺的，总是坎坎坷坷，充满磕磕碰碰的时候多，但只要以一种积极的心态面对，我们的人生就必定是一个辉煌、灿烂的人生。

普瑞尔是盲人阅读凸点系统的创始人，他生于巴黎附近一个小镇。普瑞尔的父亲开了一家皮革店。他常常带普瑞尔到店里，给他小块皮毛玩耍。一天，父亲有事要离开店铺，留下3岁的普瑞尔一个人在店里玩。普瑞尔学着父亲平日工作的模样，拿起小刀割皮子，却不幸划伤了左眼，普瑞尔的左眼就这样失明了。祸不单行，后来普瑞尔的左眼发炎，蔓延到右眼。结果才3岁的普瑞尔便失去了用眼睛看世界的能力。

然而，普瑞尔并没有因此变得沉默、郁闷，他仍然像未失明时那样活跃快乐。

他6岁时也和其他小孩一起去学校上课。

普瑞尔10岁时，老师告诉他在巴黎有一所国立启明青年学院。普瑞尔非常兴奋，请求父亲让他到巴黎读书，父亲答应了。

在巴黎启明青年学院，普瑞尔开始读大凸字（当时专为盲人设计的阅读方式，将字母放大同时凸出纸面，方便盲人以手触摸）的书。不过，由于字母非常大且凸出纸面，一本小书往往有几寸厚；书虽然十分厚重，内容却不多。很快的，普瑞尔便把学院内所有的书读完，且铭记在心。

普瑞尔常常对自己说："一定有方法可以让盲人像正常人一样学习，一定有方法让盲人能更方便地阅读。我一定要找出这个方法来，一定要！"

15 岁时，他听说陆军上尉巴比业发明了一种方法，让军人在晚上也能读军令。这个消息引起了普瑞众很大的好奇，普瑞尔心想："人在黑暗中什么都看不见，怎么能读军令呢？这不是像盲人能看书一样吗？"于是，普瑞尔决心请教巴比业上尉。

几经周折，普瑞尔终于拜会了巴比业。巴比业对普瑞尔的遭遇十分同情，对他的决心更是肃然起敬。他把自己发明的方法详细地告诉普瑞尔。原来他是利用尖刀在纸上刻出点和线，通过不同的排列组合，组成了军令的暗码。普瑞尔深受启发和鼓励，并坚信这个方法便是他一直在找寻的能让盲人读、写的方法。

此后，普瑞尔经常思索如何让点和线在纸上凸出排列。他经过无数次的研究和组合，终于将字母以不同的点和位置组合表示出来，盲人只需用手指触摸这些不同点、位的组合，就可以读出字母甚至文章（以下我们将之称为凸点系统）。另外，普瑞尔还发明了一些工具，使打点更加快捷、顺畅。

当普瑞尔在巴黎启明青年学院公布这个新方法时，很多人不以为然，认为使用不同字体，无形中会把盲人从正常社会中分化出来。虽然别人冷嘲热讽，普瑞尔却没有气馁，他对这个方法充满信心，并且不断改良打凸点的方法。

他 17 岁时从学院毕业，并且开始在那里教书。白天时他会用大凸字的书本授课，晚上回家后则全心全力地投入改良凸点系统。

普瑞尔 20 岁时，他的普瑞尔凸点系统正式完成了。他又设计了一些工具，可以用凸点来打字，他打字的速度几乎和一般人讲话一样快，他的凸点系统也能记音符和乐谱，因此盲人也能读乐谱。普瑞尔甚至把莎士比亚及其他古典名著用凸点系统打出来。

这个系统问世时，一般大众都不知它的价值，因此对它毫不重视；有人更报以极度埋怨的态度，因为他们担心原来的大凸字系统会被他的凸点系统所取代。不过普瑞尔并未因此放弃努力，仍继续热心地工作。不管到哪里，他都努力宣传他的凸点系统，并教导学生使用。

普瑞尔终年辛劳地奔波，终于积劳成疾，以致在 43 岁就去世了。当时欧洲很多地方已开始使用普瑞尔凸点系统。时至今日，这个系统在世界已经普遍为盲人所使用。

普瑞尔在他 43 岁生日后两天去世，临终时，他说："人心是非常难了解的，但我相信我在地球上的使命已经完成了。"说完不久，便含笑而终。

对于普瑞尔来说，他的人生之旅没有一步是顺利的，但他克服生命中的痛苦与压力，并且在 15 岁时就开始了他创造奇迹的旅程，最后终于成功地造福盲人，完成了人生的使命。

命运对于普瑞尔来说并不公平，但他在失明后并没有放弃学习的机会。当他开始研究凸点系统时遭到了别人的嘲笑、打击，他也没有自艾自怨、自暴自弃，而是积极改进阅读的方法，并最终获得了成功。

 习性点拨

　　纵观普瑞尔的一生，他每走一步都碰了钉子，但普瑞尔并没有被这一颗颗钉子吓倒，而是用乐观、积极的心态化解它，从而解除了自己和其他盲人无法阅读的痛苦。

勤奋努力，拒绝懒惰

一切成功都来自于勤奋努力，懒惰只能招致人生的彻底失败，只有我们付出努力，不认命，不想命运低头，命运就会向我们低头，成功就会向我们招手。

无所畏惧地去争取胜利

王力伟是某市快递公司的一名员工。一次，公司让他把客户委托的一份文件送到一家销售公司，而且必须在下午 5 点钟前送到，因为 5 点钟一过，收件人就下班了。

王力伟接到任务时，已是下午 2 点了。当走出公司门口时，发现外面突然下起了大雪。王力伟心里着急起来，因为下雪，最容易堵车。果然，王力伟乘坐的公交车离开站台不远，就不得不减慢车速了，路上的车因路面滑，行驶缓慢，就像蜗牛在蠕动。王力伟在心里祈祷着车能快一点，可是车蠕动不到一站地，再也无法动弹了。原来这场罕见的大雪，下得又急又大，市政、交管都没有思想准备，以至整个城市的交通顷刻间陷入瘫痪，虽然所有的交警都上岗了，但仍无济于事。当力王伟从车上的交通频道了解到这个讯息后，他想自己无论如何都必须把文件送到目的地，即使是步行也要送到。

于是，王力伟没有像其他乘客一样坐在车上等，而是立即下车，迎着风雪艰难地一步一步朝前走去。一路上，到处都在堵车，无论是公交车、出租车，都"趴"在马路上，即使偶尔向前挪动一下，也是前行不到几米，又被迫停下。王力伟明白，剩下的路，只有靠自己的双腿了。

王王伟离目的地还足足有十几千米，这十几千米，如果像平常坐公交车就非常轻松，但是步行，特别是在下雪天，更要命的是有时间限制，那么这几乎是一件无法完成的任务。其实，王王伟是可以放弃的，他完全可以回到公司，因为回公司只有3站地的距离，他能轻松地走回去，而且不一定会挨批评，毕竟下雪是不可抗拒的因素，他也相信公司其他员工肯定有中途返回公司的。但王力伟并没有这样做，他想，既然自己接受了任务，就要克服一切困难去完成。

然而，就在王力伟下车走了不到两站地时，他脚底一滑，重重地摔倒在地上，而且扭伤了左脚，眼镜也不知掉到哪里去了。王力伟坐在雪地上用手揉了一会儿肿起的脚踝后，又开始在雪地里摸索起眼镜来。摸索了好一会儿也没找到，没有眼镜对他来说是寸步难行呀！王力伟只好向路人求助，一位好心人很快替他找到了眼镜。当王力伟感激地接过眼镜，准备戴上继续前行时，他发现眼镜右边的架子坏了，为防止它掉下来，他只好用手扶着。然而每走一步，扭伤的脚踝便钻心地疼痛，而且一只手还得扶着眼镜，走路也极不方便，尽管如此，王力伟还是没有放弃。

就这样，当王力伟拖着沉重的步伐赶到目的地时，他抬头看了一下对方公司墙上的钟，还差3分钟就到5点。王力伟心里很欣慰，他甚至忘了左脚的疼痛，麻利地从包里取出文件……

当收件人签完字时，他对王力伟说："好样的，年轻人，说实话我还以为今天收不到这份文件呢。外面下这么大的雪，没有几个人愿意用步行代替交通工具的，你做到了，这就证明你的确与众不同！"

第二天上班，当王力伟把客户签字的回执条交给经理时，经理吃惊地对他说："你送到了？昨天下大雪，全市大堵车，你是怎么送到的？"

"步行。"王力伟微笑着轻松地说。但他没有告诉经理，他的左脚因扭伤已肿得穿鞋都有点困难了。

半年后，快递公司进行人事调整时，王力伟被提升为主管。经理在宣布这一决定时说："我没有理由不提升一个能拼尽全力，使出浑身解数去完成任务的员工。"

后来，王力伟谈到他从一名普通的员工成为主管的经历时说："做任何事情都要全力以赴，都要付出200%的努力，用上所有的力量去拼搏，完全投入地去做，这是成功的唯一秘密！"

王力伟拼尽全力，无所畏惧地去完成工作的精神值得我们学习。

 习性点拨

要化不甘心为力量

有这样一个寓言故事：

小兔子青青一直和妈妈生活在一起，它们每天天刚亮就上山采蘑菇、割青草，准备过冬的粮食。因为有妈妈的陪伴，小兔子觉得这样的日子是幸福和快乐的。

一天，小兔子家来了一只跛腿的狼，它说兔妈妈借它的钱一直未还，今天是来收债的。

"可是，先生，我从来都没见过你，怎么会向你借钱呢？"兔妈妈辩解道。

"哦，是去年夏天，在拉迪山上，你碰见我，求我借给你十块钱，说你女儿病了，要看医生，难道你忘了。"那只跛腿的狼边说边上下打量着小兔子青青。

"先生，我想你是记错了，我女儿一直很健康，从来没得过什么病……"

"够了。够了！你这个啰唆的老家伙，没钱还债就把你女儿抵押给我。"说完，跛腿狼一把抓住青青就走。

"求求你，先生，只要你放过我女儿，我跟你走。"兔妈妈为了保护女儿，挺身而出。

"你，你这一把老骨头，我的牙老了，恐怕嚼不动。"跛腿狼狰狞地大笑起来。"不过，你女儿太瘦小了，还不够塞我的牙缝。好吧，看在你哀求我的分上，暂且留下你女儿。让你跟我走。"

"狼先生，求你千万别带走我妈妈。"小兔子青青极力哀求狼不要抓走

它母亲，但狼一把将它推倒在地，叼着兔妈妈扬长而去。

小兔子青青长大后，还经常想起当年跛腿狼抓走妈妈时自己不甘心的情景，因此它寻遍千山万水，想找跛腿狼报仇。

有次，小兔青青在翻越一座山时，突然发现了一行脚印延伸到了一个洞口，并且洞口堆满了鸡毛、兔毛。"是狼的洞穴，一定是。"小兔青青蹲下身子，仔细地查看那行脚印，它发现有一个脚印很浅，而其他的脚印很深。"是跛脚狼，只有跛腿狼才会留下深浅不一的脚印，一定是它。"小兔子青青心里想，"跛腿狼，你的死期到了。"但它知道，单凭自己的力量是斗不过跛腿狼的，可就这样放弃，它不甘心。

小兔子青青知道，光怨恨跛腿狼没有丝毫用处，而应该把那种不甘心的心情化为动力，帮自己战胜跛腿狼。

于是，它轻手轻脚地走近洞口，听到里面传出一阵阵鼾声，原来这天跛腿狼到山下的农庄里，偷走了一只鸡，临出门时，又顺手偷走了主人的一瓶老酒。回到洞里，它吃饱喝足后，正在呼呼大睡呢。

机会来了，小兔子想，如果现在跑下山去叫猎人，只怕猎人还未到，狼就醒了。"该怎么办呢？"小兔子边沉思边踱步，一不小心，被一块石头绊了一下，差点摔倒。"对，我可以用石头把洞口堵死呀！"小兔子青青念头一起，便飞快地搬起一块一块石头，堵住了洞口。

当跛腿狼一觉醒来时，山洞口已被堵死，它被活活地饿死在山洞里。

后来，动物王国知道这件事后，都称赞小兔子青青是一位智勇双全的英雄。

山羊记者去采访时，问小兔子青青："是什么样的力量鼓舞你搬起了一块块比自身重几倍的石头？"

小兔子青青说："是不甘心的心情，化为了前进的动力，才使我搬起了一块块比自身重几倍的石头。"

 习性点拨

> 每个人在前进的路上，都难免遇到阻力，如果只是一味怨天尤人，终究于事无补，因此，还不如将不甘的心情化为力量，这样就等于向成功迈了一大步。

不服输、不放弃

1927 年，美国阿肯色州的密西西比河大堤被洪水冲垮，一个 9 岁的黑人小男孩的家被冲毁，在洪水即将吞噬他的一刹那，母亲奋不顾身地把他拉上了堤坡。

1932 年，男孩 8 年级毕业了，因为阿肯色的中学不招收黑人，他只能到芝加哥读中学，家里没有那么多钱。那时，他的母亲做出了一个惊人的决定——让男孩复读一年。她则整天为 50 名工人洗衣、熨衣和做饭，替孩子攒钱上学。

1933 年夏天，家里终于凑足了那笔钱，母亲带着男孩踏上火车，奔向陌生的芝加哥。

在芝加哥，母亲靠当佣人谋生。男孩以优异的成绩中学毕业，后来又顺利地读完大学。

1942 年，他开始创办一份杂志，但缺少 500 美元的邮费，不能给订户发函。一家信贷公司愿借贷，不过有个条件，得有一笔财产作抵押。母亲曾分期付款好长时间买了一批新家具，这是她一生最心爱的东西。但她知道儿子的情况后，还是同意将家具作了抵押。

1943 年，那份杂志获得巨大成功。男孩终于能做自己梦想多年的事了：将母亲列入他的工资花名册，并告诉她算是退休工人，再不用工作了。那天，母亲哭了。那个男孩也哭了。

后来，由于大环境的不景气，男孩经营的一切仿佛都坠入谷底，面对巨大的困难和障碍，男孩已无力回天。

他心情忧郁地告诉母亲："妈妈，看来这次我真要失败了。"

"儿子，"她说，"你努力试过了吗？"

"试过。"

"非常努力吗？"

"是的。"

"很好。"母亲果断地结束了谈话，"无论何时，只要你努力尝试，不服

勤奋努力，拒绝懒惰

输、不放弃就不会失败。"

果然，男孩渡过了难关，攀上了事业新的巅峰。这个男孩就是驰名世界的美国《黑人文摘》杂志创始人、约翰森出版公司总裁、拥有三家无线电台的约翰·H·约翰森。

"不服输、不放弃就不会失败。"这是约翰森母亲的话，也许你，包括你们，都应该记住这句话。

约翰森遭遇挫折，但他屡挫屡战，终于获得了成功。他的经历向我们阐释了这样一个道理：命运是可以改变的，其关键在于要全力搏击、奋斗，就有成功的一天。

 **习性点拨**

> 失败只有一种，那就是放弃努力，承认自己是失败者。

最能依靠的人是你自己

美国文学家爱默生有句名言："靠自己成功。"这句话影响了很多年轻人。企业家吉姆·克拉克也给过年轻人忠告：不要凡事都要依靠别人，在这个世上，最能让你依靠的人是你自己。在大多数情况下，能拯救你的人，也只能是你自己。

在生命的旅程中，有时候我们难免会陷入各种危机中，而要摆脱这些危机，就不能够总是想着依靠别人，要学会靠自己拯救自己。下面这个寓言故事就说明了这个道理。

有一天，某个农夫的一头驴子不小心掉进一口枯井里，农夫绞尽脑汁想救出驴子，但几个小时过去了，驴子还在井里痛苦地哀嚎着。最后，这位农夫决定放弃，他想这头驴子年纪大了，不值得大费周折去把它救出来，所以决定把这口井填埋起来。

于是，农夫便请来左邻右舍帮忙，将泥土铲进枯井中。

当这头驴子察觉到自己的处境时，刚开始哭得很凄惨。但出人意料的是，一会儿之后驴子就安静下来了。农夫好奇地探头往井底一看，出现在眼前的景象令他大吃一惊：当铲进井里的泥土落在驴子的背部时，驴子的反应令人称奇——它将泥土抖落在一旁，然后站到铲进的泥土堆上面。就这样，驴子将大家铲到它身上的泥土全数抖落在井底，然后再站上去。

很快地，这只驴子便得意地上升到井口，然后在众人惊讶的表情中快步地跑开了！

没有人能救得了那头驴子，只有当它放弃悲观与消极，明白只能依靠自己来进行自我拯救的时候，命运才有可能在山穷水尽之际，给它绝处逢生的惊喜。作为高等动物的人类，对于此番自我拯救理论的理解，总不应该逊于动物的求生本能吧？

诚然，人生在世，总要或多或少地依靠来自自身以外的各种帮助——父母的养育、师长的教诲、朋友的关爱、社会的鼓励……可以说，人从呱呱坠地那一刻起，就已开始接受他人给予的种种帮助。然而，许多年轻人"在家靠父母，出门靠朋友"的"靠"，已经远远超出和大大脱离了一个人需要外部力量帮助这种正常之"靠"，而演变成"唯父母和朋友是靠"的依赖心理，把自己立身于社会的希望完全寄托在父母和朋友的身上。

信奉"在家靠父母"的人，往往是那些生活上不能自理而饭来张口、衣来伸手。或者事业上不能自立而离不开父母权力、地位和金钱支撑的年轻人。这样的年轻人，显然不可能在生活上自立自强、在事业上有所作为。

我国著名教育家陶行知编的《自立歌》中有这样的值得我们记住的话语："滴自己的汗，吃自己的饭。自己的事，自己干。靠天靠地靠祖上，不算是好汉"。不要总是依赖别人，把一切希望都寄托在别人身上，而要依靠自己解决问题，因为每个人都有许多事要做，别人只可能帮你一时却帮不了一世。所以，靠人不如靠自己，最能依靠的人只能是你自己。

如果你想摆脱困苦的生活，如果你想获得事业上的成功，如果你想出人头地，请记住这样一句忠告：最能依靠的人是你自己！

在美国，有一位年轻人就是记住了这句忠告，并按照忠告去做的，结果他摆脱了困境，获得了成功。

这位美国年轻人名叫保罗，他从祖父手中继承了美丽的"森林庄园"，可是，没有过多久，一场雷电引发的山火就将其化为灰烬。面对焦黑的树桩，保罗欲哭无泪，但他不甘心百年基业毁于一旦，决心倾其所有也要修复庄园，于是，他向银行提交了贷款申请，但银行却无情地拒绝了他。接下来，他四处求亲告友，依然是一无所获。

所有可能的办法全都试过了，保罗始终找不到一条出路，他的心在无尽的黑暗中挣扎。他知道，自己以后再也看不到那郁郁葱葱的树林了。为此，他闭门不出，茶饭不思，眼睛熬出了血丝。

一个多月过去了，年已古稀的外祖母获悉此事，意味深长地对保罗说："小伙子，庄园成了废墟并不可怕，可怕的是你的眼睛失去了光泽，一天天地老去。一双老去的眼睛，怎么可能看得见希望呢？"

保罗在外祖母的劝说下，一个人走出了庄园，走上了深秋的街道。他漫无目的地闲逛着，在一条街道的拐角处，他看见一家店铺的门前人头攒动，他下意识地走了过去。原来，是一些家庭妇女正在排队购买木炭。那一块块躺在纸箱里的木炭忽然让保罗眼睛一亮，他看到了一线希望。

在接下来的两个多星期里，保罗雇了几名烧炭工，将庄园里烧焦的树加工成优质的木炭，分装成箱，送到集市上的木炭经销店。结果，木炭被一抢而空，他因此得到了一笔不菲的收入。

不久，他用这笔收入购买了一大批新树苗，一个新的庄园又初具规模了。几年以后，"森林庄园"再度绿意盎然。

 习性点拨

> "天助自助者"，只有自己才能彻底拯救自己，一味地等、靠、要的人生，注定是失败的、灰暗的。

没有什么叫做"不可能"

大雁之所以能搏击万里长空，是因为它们组成"人"字形，这样比单飞既快又省力；老鹰之所以能追赶白云，是因为它们有一对强有力的翅膀。而体态臃肿、翅膀非常小的非洲蜂为什么能够在草原上连续飞行250千米，且飞行高度是一般蜂类所不及的呢？

为了解开这个谜，生物学家们对非洲蜂进行了长期的观察和研究：从生物学的理论上讲，非洲蜂体形肥胖臃肿而翅膀却非常短小，在能够飞行的物种当中，它们的飞行条件是最差的；从飞行的先天条件来说，非洲蜂们甚至连鸡、鸭都不如；从流体力学来分析，它们的身体和翅膀的比例根本是不能够起飞的，即使人们用力把它们扔到天空去，它们的翅膀也不可能产生承载肥胖身体的浮力，会立刻掉下来摔死。

然而事实却是，非洲蜂不仅能飞，而且是飞行队伍里最为强健、最有耐力、飞得最远的物种之一。

经过长期的观察、研究后，科学家们对此给出了合理的解释：非洲蜂天资低劣，但它们必须生存，而且只有学会长途飞行的本领，才能够在气候恶劣的非洲大草原活下去。简单地说，如果非洲蜂不能飞行，它就只有死路一条！

为了生存，非洲蜂克服了自身的劣势，执著地练习长途飞行，终于获得了长途飞行的能力，而这也是它赖以生存的根本。

非洲蜂用自身的成功给了我们人类这样一个启示：只要不放弃生命，只要坚持，没有什么叫做"不可能"。

"一切皆有可能！"这不是一句狂语，只要用心去做，每个人都能创造奇迹。

不是吗？春节晚会上，全部由残疾人表演的《千手观音》在世界上赢得了广泛的赞誉，但在这之前，有谁能相信，这些身体条件有缺陷的人能舞出那样震撼人心的舞蹈呢？因患小儿麻痹症而一条腿致残的山东青年孙振玉，数十年寒窗之后，终于在中国人民大学哲学系取得了博士后学位，但在这之前，有谁能相信一位普通的残疾者能在深奥的哲学领域里攀上高峰呢？

 习性点拨

> 只要我们有勇气和信心，加上坚持不懈地努力，那些看似不可能的梦想，都能变成现实。

勤奋努力，拒绝懒惰

要有成功的野心

巴拉昂是一位超级富翁，他因前列腺癌在法国博比尼亚医院去世，临终前他留下遗嘱，把他46亿法郎的股份捐献给博比尼亚医院，用于前列腺癌的研究，另有100万法郎作为奖金，奖给揭开贫穷之谜的人。

巴拉昂去世后，法国《科西嘉人报》刊登了他的一份遗嘱。他说，我曾是一个穷人，去世时却是以一个富人的身份走进天堂的。在跨入天堂的门槛之前，我不想把我成为富人的秘诀带走，现在秘诀就锁在法兰西中央银行我的一个私人保险箱内，保险箱的三把钥匙在我的律师和两位代理人手中。如果谁能通过回答穷人最缺少的是什么而猜中我的秘诀，他将能得到我的祝贺。当然，那时我已无法从墓穴中伸出双手为他的睿智而欢呼，但是他可以从那只保险箱里荣幸地拿走100万法郎，那就是我给予他的掌声。

遗嘱刊出之后，《科西嘉人报》收到大量的信件，有的骂巴拉昂疯了，有的说《科西嘉人报》为提升发行量在炒作，但是更多的人还是寄来了自己的答案。

绝大部分认为，穷人最缺少的是金钱。穷人还能缺少什么？当然是钱了，有了钱，就不再是穷人了。

还有一部分人认为，穷人最缺少的是机会。一些人之所以穷，就是因为没遇到好时机，股票疯涨前没有买进，股票疯涨后没有抛出，总之，穷人遇到的都是不幸的事情。

另一部分人认为，穷人最缺少的是技能。现在能迅速致富的都是有一技之长的人。

还有的人认为，穷人最缺少的是帮助和关爱。

另外，还有一些其他的答案。比如：穷人最缺少的是漂亮；是皮尔·卡丹外套；是《科西嘉人报》；是总统的职位；是沙托鲁城生产的铜夜壶等等。总之，五花八门，应有尽有。

巴拉昂逝世周年纪念日，律师和代理人按巴拉昂生前的遗嘱，在公证部门的监视下打开了那只保险箱，在 48561 封来信中，有一位叫蒂勒的小姑娘猜对了巴拉昂的秘诀。蒂勒和巴拉昂都认为穷人最缺少的是野心，即成为富人的野心。

在颁奖之时，《科西嘉人报》带着所有人的好奇，问年仅 9 岁的蒂勒："为什么想到的是野心，而不是其他的呢?"

蒂勒说："每次，我姐姐把她 11 岁的男朋友带回家时，总是警告我说不要有野心！不要有野心！我想也许野心可能会让人得到自己想得到的东西。"

巴拉昂的谜底和蒂勒的回答见报后，引起不小的震动，这种震动甚至超出法国，波及英国、美国。

一些好莱坞的新贵和其他行业几位年轻的富翁就此话题接受电台的采访时，都毫不掩饰地承认：野心是永恒的特效药，是所有奇迹的萌发点；某些人之所以一再遭遇失败，大多是因为他们有一种无可救药的弱点，即缺乏成功的野心。

每个人出身都不一样。有的出身贫寒，境遇不佳，连连受挫；有的才疏学浅，地位卑微，很少得到别人关注；有的出身名门，有才有能，备受瞩目……当然，我们没有能力去决定自己的出身，也没有办法挽回逝去的时光，但我们有权力选择自己的未来。

 习性点拨

> 只要自己不甘于平庸，想做一名伟大的成功者，我们的命运就有改变的可能。因为，野心能激发一个人内心的旺盛的进取心，使他在强烈的欲望的指引下朝着自己的理想奋斗不息。

把梦想交给自己

20 世纪初，在美国加州的一个小镇上，住着一位远近闻名的富商，富商有一个 23 岁的儿子叫瑞格。

一天早餐后，瑞格站在窗前欣赏街头的美景。突然，他看见街边公园的长椅上坐着一个和他年龄相仿的年轻人。那年轻人穿得很朴素，他把双手搭在膝盖上，目光似乎盯在瑞格这幢公寓楼上。瑞格看了他很久，发现那个年轻人很专注，他看这幢公寓的姿势一直未变。

瑞格有点好奇，他走出公寓，来到街边问那年轻人："先生，你为什么长时间坐在这里，盯着那幢公寓出神呢？"

年轻人迟疑着说："我有一个梦想，就是自己能拥有一幢宁静而美丽的公寓，能够在一日三餐后站在窗前欣赏街边的风景，可是这些对我来说简直太遥远了，因为我现在一无所有。"

"那么，请你告诉我，你此刻的梦想是什么？简单地说，就是最迫切渴望实现的？"瑞格之所以如此问，是因为他想他有能力帮助那个年轻人实现一个梦想。

"先生，我现在的梦想就是希望能在一幢公寓里，像一位成功人士那样度过一天。"年轻人说。

"朋友，我现在就可以让你梦想成真！"瑞格接着指着自己的公寓说，"那是我的家，你现在就去里面住一天吧，有什么需要就告诉管家，他会帮助你的。另外，今天你可以完全把它当成你的家，你有权利享受里面的一切。我现在去公司处理一点事情，中午回来和你共进午餐。"

"谢谢您，先生。"年轻人朝瑞格和了一躬，就径直走进了公寓。

中午，瑞格处理完公司的事情后，就赶回了家，但他没有看到那位年轻人，便询问管家。

"哦，先生，那位年轻人只在客厅里呆了三分钟就走了。"管家说。

"那他说了什么没有？"瑞格问。

"年轻人走时，他让我告诉您，说向您表示感谢，谢谢您给了他很多。"

"可是，我什么也没有给他呀！"瑞格疑惑了。不过，很快地，瑞格就把这件事忘记了。

20年后的一天，瑞格突然收到一份请柬，一位自称是他"20年前的朋友"的男士邀请他参加一个酒会。瑞格一看落款的地址就知道那是一个新建的富人居住区，而且住在那里的都是政界要人和社会名流。

当瑞格来到酒会所在地时，映入他眼帘的是典雅的建筑，还有经常在各种媒体上见到的名人。接着，他看到了即兴发言的酒会发起人。

"今天，我首先感谢的是在我成功的路上，第一个帮助我的人，他就是我 20 年前的朋友瑞格……"说完，他在众人的掌声中，径直走到瑞格面前，并紧紧地拥抱他。此时，瑞格才明白过来，眼前这位名声显赫的建筑商人库勒，原来就是 20 年前那位贫困交加的年轻人。

在接下来的热烈交谈中，库勒对瑞格说："当我走进你的公寓后，一种异样的感觉充斥着我的大脑，我真不敢相信梦想就在眼前。那一瞬间，我突然明白，那幢公寓不属于我，这只是一个幻觉：我应该远离它，我要把自己的梦想交给自己，去寻找真正属于我的那幢公寓！现在我终于找到了，我就在我的公寓里招待你这位尊贵的朋友。"

 习性点拨

> 与其把梦想交给别人，还不如把梦想交给自己。有了梦想，就有了前进的动力，就有了追求的目标。当我们把梦想放在自己手中时，就会有勇气去努力，去拼搏，去奋斗。也正是在这种精神的感召下，我们的梦想才会变成现实。

不向恶劣的环境低头

英国哲学家罗素在《走向幸福》一书中这样写道："一个具有一定兴趣和信念的人会发现，生活于某一个群体中时，自己实际上成了一个被驱逐者，在另一个群体中，则又作为一个完全正常的人而被接受。许许多多的不幸，尤其是青年人的不幸，即由此而产生。一个青年男子或女子接触到某些新思想，但是却发现这些思想在他或她的生活环境中受到诅咒。于是，这个青年很容易产生这种想法，把自己所熟悉的唯一环境当作整个世界的代表。正是对世界的无知，人们经受了许许多多不必要的痛苦，有大多数人只是在青年时期，而不少人甚至整个一生都如此。"

就像罗素所说的那样，世界的小环境是丰富多彩的，水平也是参差不齐的。如果我们确信这一点，就可以为自己去寻找一个更理想的环境。这个环境也许是一个适于你的职业，也许是一个能与你深交的人，也许是一处你非常喜欢的天然居所，也许是给了你归属感的人文背景，也许是让你一展才华的创举。

小泽征尔是世界一流的音乐指挥大师。童年的小泽征尔就已显出过人的音乐天赋，他一接触琴键就显出"乐器之王"的潜力。

但是，一次意外使小泽征尔两手的食指严重挫伤，僵直的伤指逼得他不得不放弃心爱的钢琴。那年他已 14 岁，已练就了相当的音乐技能。

沉重的打击没能夺走他再选择音乐的意志，他觉得自己可以改学乐队指挥。日本东方音乐学院的著名教授斋藤秀夫收下了他，他跟着自己的老师学习指挥直到 1959 年。

后来，小泽征尔远涉重洋到欧洲深造指挥艺术。在欧洲，他人生地不熟，说着蹩脚的外文，边学习，边打工糊口。生活虽然艰辛，他却得到了最宝贵的表演机会。

1961 年，小泽征尔加入美国纽约的交响乐团，成为世界级优秀指挥家和作曲家伯恩斯坦的三个副指挥之一。在欧美，小泽征尔的音乐天才迅速得到认可和提升，并极快地达到炉火纯青的境界。

小泽征尔说："我的工作就是处理复杂的乐谱。例如，有一个乐谱的符号是悲伤，可是，究竟何为悲伤？是哪一种悲伤？是宁静的悲伤、阴郁的悲伤，还是沉闷的悲伤？这些作曲家并未说明，必须由我来做出决定，这就是我的职业。"

对于环境与个性关系的清醒认识和把握使小泽征尔走向艺术的顶峰，也使自己的内心获得了无限满足。

正如小泽征尔一样，个性对环境的选择在很多时候已成为我们能否把握自己命运的历史性前提。

命运总是取决于个人所感觉的、所想要的和所做的是什么。虽然周围的环境有时凭我们一己之力无法改变，但我们能改变自己的心情，能把握自己的命运。环境不理想，我们可以去寻找，但不能被环境所屈服，否则，就会被命运之神扼紧了喉咙。

努力实现人生目标

成功学家安东尼·罗宾说："如果你想成为什么样的人，就得下决心像那种人一样地去思考、感觉及行动，最后你就真的能成为那样的人。"

有一次，罗宾去参观位于纽约贝尔浮医院的太平间，那次经验对罗宾的人生有很大的影响。当他到达医院时，一位名叫佛瑞德·科文的医生朋友接待了他，朋友是那家医院的首席心理学家，曾对罗宾说如果要想了解生命，就得先去了解死亡。罗宾怀着好奇但迷惑的心情进入他的办公室，坐定后他便告诫说，在观看过程中千万别说话，有什么问题等结束后再提出来。

因为不知道会看见什么东西，罗宾有点紧张，便尾随佛瑞德走下楼梯，进入了无人认领的停尸间，其中大部分的死尸是流浪街头的贫民，当他拉出一个装尸体的金属盒，打开尸袋时，罗宾的身子不觉冷抽了一下。这里躺着一个"人"，可是罗宾却觉得空荡荡的，而且好像看见尸体突然动了一下。随之佛瑞德指出这个反应是很正常的，因为我们很难接受一个不会动且没有生命迹象的人体。

随着佛瑞德打开一个又一个金属盒，相同的感觉一再地冲击着罗宾，里面都是空荡荡的，虽然肉体在，可是人却不在了。"这些人死去都不久，体重跟生前没什么两样，不管他们活着时是什么样，此刻都已不在了，我们这些人并不等于我们的肉体。当人死了，留下的是副肉体，跟着去的是那些看不见且没有重量的自我认定，有些人称其为'灵魂'。""同样地，我们也要记住这一点：当我们活着时，我们也并不等于我们的肉体、我们的过去和我们现在的行为。"

罗宾告诫说："日后若是你再说出"我永远没办法"或"我就是不行"这样的话时，好好想一想你说这话的后果，你是不是给自我设限了呢？如果是的话，那么就应当利用这个机会来拓展自我。别光想你没法做的那件事，而要想你能做好的那件事，然后拿出行动，这样一件事情就容易做成功。以后当你再想到自己不行时，这个经验可使你感到笃定，知道自己的能力远超过自己的所想。

"你要学会自问：'我能超越更多吗？我会超越更多吗？此刻我想成为什么样的人呢？'固然，我们周围的环境不会尽如人意，可是你要排除万难，全力实现你所持守的价值和所做的美梦。你在心里要这么想：我要一直想着，自己就是已经实现了目标的那个人。

"此刻你已经来到了十字路口，一个关系你人生的重要关头，你必须作出重大决定：过去的就别再想了，只要想想现在的你，你到底想成为什么样的人？过去你是什么样的人已无关紧要，重要的是现在你想成为什么样的人。你要好好思索这个问题，让它成为扭转你人生的重要决定。"

 习性点拨

要想改变你的人生，就要改变观念。

吃得苦中苦，方为人上人

据说，球王贝利的儿子出生后，大家向他祝贺："小球王诞生了！"

贝利摇摇头说："不，他永远不可能成为球王，因为他的生活太优越了。"

美国成功学家卡耐基说："大多数的富家子弟，总是不能抵抗财富给他们的试探，因而陷入纸醉金迷的生活中。他们根本不是懂得上进的贫苦孩子的对手，对于这些小老板，穷苦的孩子根本不用害怕。"

贝利和卡耐基都是自己所在行业的顶尖者。但是，他们对苦难却有一个共同的认识，即苦难就是财富。当你以一种积极的心态去享受苦难时，人生会因此而辉煌。

一位雕刻大师，在森林里找到了两块上好的木料，便把它们砍回家，准备雕成两座佛像。

就在雕刻家拿出工具时，一块木料哀求道："尊敬的先生，我受不了那种刀斧加身时的疼痛，你就放过我吧。"

"好的，我可以放过你。但你想过没有，如果不经过刀斧加身，你就会被人遗忘，永远没有出头之日了。"雕刻大师说完，就随手把那块木料放在一边，而另一块则被大师雕刻成了一尊佛像。

在大师完工后的那个夜晚，木料嘲笑那尊佛像说："哟，瞧瞧你，浑身刀痕累累，花了那么长时间，受了那么多的罪，现在还不是躺在这里，一动也不能动。你看看我，浑身上下没有一点伤痕，成天逍遥自在地躺在这里，别提多快活了。说不定，哪天又有人将我高价买走，我的前途又无限光明了。你说，我们俩的命运怎么会相差如此之大呢？"

佛像沉默着，没有理会木料的嘲笑。

过了几天，一座香火旺盛的寺庙主持，前来拜访雕刻大师。闲聊当中，主持无意间看到了那尊佛像，愿意出高价买下，大师不肯。经主持再三恳求，大师见他心诚，才同意出售给他。

大师把那尊佛像交给主持时，又顺便把那块闲置在家的木料一并送给了主持，说："这块木料，放在我这里也没什么用，你一起拿走吧，说不定还能派上什么用场。"

"哦，由于香客太多，寺庙门槛早已被踩烂了。我看这块木料做门槛刚好合适。"主持说完，便把佛像和木料一起带走了。

安放在大殿中的佛像，每天都受到香客的跪拜，承受香火及三牲的供奉，身份地位尊荣备至。而那块木料，则被做成了门槛，每天都被和尚和香客们踩来踩去。

一天夜里，木料又开口了："我们是相同的两块木料，为什么你可以享受供奉，而我却天天让那些和尚和香客们踩来踩去，真是痛苦……"

佛像终于开口了："在大师完工之前，我所受到的雕琢之苦，常人是难

勤奋努力，拒绝懒惰

以承受的，当初你不愿意接受刀斧加身，所以今天你我所受的待遇，才会有天壤之别。"

佛家最讲究苦难的炼狱，唯有青灯古寺的苦修，才能达到至高的境界。没有苦难的人生，就不是真实的人生。苦难能促使人奋进，唯有经历过苦难的磨砺，才能使我们的信心历久弥坚。

生活中的那些幸运者未必富有，因为生活给你的馈赠远不止是一只摆满香食的果盘，除此之外还有另一种滋味的供奉。那就是苦难！

 习性点拨

> 人生的成功或失败，幸福或坎坷，快乐或悲伤，有相当一部分是由人自己的心态造成的。你不愿吃苦，也就难以享受到成功的乐趣。你承受了苦难，就能享受到常人所享受不到的成功。

上帝给谁的都不会太多

西方某国有一著名女歌唱家，30 岁时就成了歌坛上的领军人物，享誉全球。据说，她的家庭也很美满，有一位事业有成的丈夫，因此，在很多人眼里这位女歌唱家是幸运的，因为她拥有的一切都是那么完美。

一次，她到邻国去开个人演唱会，入场券早在一年以前就被抢购一空。当晚的演出也受到极为热烈的欢迎。

演出结束后，歌唱家和丈夫、儿子从剧场里走出来的时候，被早已等候在那里的观众团团围住。人们七嘴八舌地与歌唱家攀谈着，其中不乏赞美和羡慕之词。

有的人恭维歌唱家大学刚刚毕业就开始走红，进入了国家级的歌剧院，成为扮演主要角色的演员；有的人恭维歌唱家 25 岁时就被评为世界十大女高音歌唱家之一；也有的人恭维歌唱家有个腰缠万贯的某大公司老板做丈夫，而膝下又有个活泼可爱脸上总带着微笑的小男孩……

在人们议论的时候，歌唱家只是在听，并没有表示什么。她等人们把话说完以后，才缓缓地说："我首先要谢谢大家对我和我的家人的赞美，我希望在这些方面能够和你们共享快乐。但是，你们看到的只是一个方面，还有另外的一个方面没有看到。那就是你们夸奖的活泼可爱脸上总带着微笑的小男孩，不幸是一个不会说活的哑巴，而且，在我的家里他还有一个姐姐，是需要常年关在装有铁窗的房间里的精神分裂症患者。"

歌唱家的一席话使人们震惊得说不出话来，你看看我，我看看你，似乎是很难接受这样的事实。这时，歌唱家又心平气和地对人们说："这一切说明什么呢？恐怕只能说明一个道理，那就是上帝给谁的都不会太多！"

歌唱家说出这句话以后，所有的人都沉默着，似有所悟。

的确，上帝是公平的，他不会厚此薄彼，而是平等对待众生。如果他没有给你倾国倾城的美貌，他一定会在其他地方补偿你，比如智慧，比如事业，但是，这一切他给得很隐蔽，要你自己去用心体会，去发掘。因此，不要总是羡慕别人开跑车，你却骑自行车上班，而要看到你有真心对待你的丈夫，有聪慧健康的儿女，有仁慈善良的父母，有无所不谈的朋友……

习性点拨

> 记住：上帝给谁的都不会太多，更不会落下一个。

摆脱依赖，改变心态

正如世界著名潜能学大师安东尼·罗宾所说："影响我们人生的绝不是环境，也不是遭遇，而是我们持什么样的心态。"换言之，你有什么样的态度，就有什么样的人生。一个人成就的大小，都和他的态度有关。你的态度端正、积极，你的人生就容易成功、幸福，你的态度消极，你的人生就容易遭受失败。

决不扮演受害者的角色

事实上，没有人生来就是受害者，有的人自觉地扮演受害者的角色，是因为他们认为这样做能给他们带来一定的好处。然而事实并非如此，你必须相信，只有你能造就自己的成功，也只有你能造就你的平庸。不管是出于自觉还是不自觉的原因，你的人生状态都是你自己造成的。

假使你觉得自己的前途无望，觉得周围的一切都很黑暗惨淡，那么你应该立刻转过身来，朝向另一面，朝向那希望与期待的阳光，而将黑暗的阴影遗弃掉。把贫穷的思想、恐惧的思想，从你的心中驱走，挂上光明的、愉快的图画。

人若是曾被困境折磨，对成功的欲望和毅力就有可能比别人强，构想才会不断地涌出，并具有卓越的行动力。

日本歌手千昌夫，如今也是一位在夏威夷毛伊岛有幢豪华饭店的实业家。他在兄弟三人之中排行老二，小学三年级时父亲病故，全家人以母亲的积蓄勉强维持生计。但因为实在太穷无法支付电费，常常被停电。没办法，全家人只好靠蜡烛照明。即使是现在，每当他看到蜡烛，眼前就浮现当年贫困生活的情景。

千昌夫初中毕业升入高中，心里仍旧充满着贫困艰辛的感觉。这种感觉，促使他产生渴望获得成功的雄心。高中二年级寒假的一天，他独自一人乘夜间列车离家出走，以做歌手为目标直奔东京。之后，他拜作曲家远藤实宅为师，历经磨难与痛苦，终于成为风靡全国乃至世界的歌手。

就像这样，失业、疾病、逆境、危机、一贫如洗等，会成为取得成功的最大引爆剂和原动力。当然，其前提是你要改变思想。

许多人总以为自己已尽其最大的努力同困境奋斗。实则他们并没有尽其中一切的可能去努力。就事而论，世间许多的失败，都是由自我否定、自我贬低及不愿努力、不肯奋斗所造成的。

人类有几种坚强的品质，都是与"失败"、"困境"誓不两立、水火不容的。自强与自立，是坚强品格的基石。我们常能发现，在那些虽则贫穷、虽则不幸，但仍然努力奋斗的人身上，都具有这些品格。但在那些因失掉了勇气、失掉了自信，或因懒得去努力奋斗而贫穷的人身上，却没有这种坚强的品格。

人们的生活是好还是坏，全因人的思维方式而定，这是一条不变的法则。你认为成功的可能性大，则大；你认为成功的可能性小，则小。千昌夫取得成功的原因之一，就是即使身处困境时他也依旧认为成功的可能性巨大无比。

 习性点拨

> 人生只有一次，所以，我们应该拥有良好的心态，以积极的态度面对困境。而不应该自甘堕落，自己把自己扮演成受害者的角色。

别让恐惧征服你

关于恐惧，弗洛伊德给出了一个绝妙的解说：一个人置身于非洲丛林，

看到蛇会感到恐惧，这是很正常的事，这种恐惧感有利于保护自己。但如果一个人在房间里也感到恐惧，以为在房间里的地毯下面有一条蛇，那么这种恐惧就是病态的，不正常的。其实，在生活中，我们的很多恐惧就是这样产生的。我们对自身状况的许多焦虑就像弗洛伊德所说的地毯下的蛇一样，是我们自己幻想出来的。

在一个寒冷的冬夜，一群男人聚在一家小酒店里烤火聊天。当谈到他们当中到底谁的胆子最大时，他们谁也不服谁，都抢着说自己以前如何天不怕、地不怕，仿佛天下只有自己的胆量最大。

这时，在客栈的角落，"刷"的一声，有个武士拔出长剑，对酒馆里的众人道："单靠嘴巴说，比不出一个高低，有本事的。拿我这把剑，去插在村外的那块坟地上。"

众人面面相觑，想到那块恐怖的坟地，竟无一人敢出声答话。

武士指着一个年轻小伙子说："喂，伙计，刚刚就你讲话最大声，怎么样，不敢去吗？怕了吧？真是个胆小鬼！"

小伙子经此话激将，觉得很没有面子，再加上腹中的烈酒作怪，他顿时跳了起来："谁说我不敢去？就怕你不敢跟我赌，十两银子，如何？"

武士豪爽地大笑，将长剑掷了过去："痛快，好，十两就十两，我在这儿等你回来拿银子！"

小伙子接过长剑，头也不回地走出酒馆，刺骨的寒风迎面吹来，他的酒意立刻醒了一半。心想自己怎么如此冲动，村外的那块坟地，一直传说在闹鬼，但一想到那十两银子和面子的问题，虽然有了七分悔意，小伙子还是硬着头皮，加紧脚步赶向坟地，心中只想快去快回。也好交差了事。好不容易来到了那块坟地上，也不知是不是自己心里犯嘀咕，小伙子只觉坟地四周仿佛有鬼影飘忽不定、阴气重重。

小伙子不敢多作逗留，闭着眼、慌忙地将手中的长剑往地上一插，转头便想飞奔而去。

却不料，小伙子此时竟无法移动分毫，仿佛有一只无形的手从背后紧紧抓着他不放。小伙子不敢回头，大叫一声，便昏了过去。

第二天一早，大伙儿来到坟地，只见武士的那柄长剑将小伙子的长衫紧紧地钉在地上。一旁，则是小伙子满脸惊骇的尸体。

> 生活中，把我们钉死在原地不动、让我们陷入困境的，往往正是无知的恐惧。所以，我们要想办法超越这些恐惧。

永远坐在生活的前排

20 世纪 30 年代，在英国一个不出名的小镇，有一个叫玛格丽特的小姑娘，自小就受到严格的家庭教育。父亲经常向她灌输这样的观念：无论做什么事情都要力争一流，永远做在别人前头，而不能落后于他人。即使是坐公共汽车，你也要永远坐在前排。父亲从来不允许她说"我不能"或者"太难了"之类的话。

对于一个年幼的孩子来说，他的要求可能太高了，但他的教育在以后的岁月里被证明是非常正确的。正是因为从小就受到父亲的残酷教育，才培养了玛格丽特积极向上的决心和信心。在以后的学习、生活或工作中，她时时牢记父亲的教导，总是抱着一往无前的精神和信念，尽自己的最大努力克服一切困难，做好每一件事情。事事必争一流，以自己的行动实践着"永远都要坐在前排"这句话。

玛格丽特在上大学时，学校要求学习 5 年的拉丁文课程，她凭着自己顽强的毅力和拼搏的精神，硬是在一年内全部学完了，并且她的学习成绩名列前茅。玛格丽特不光是在学业上出类拔萃，她在体育、唱歌、演讲及学校其他活动方面也都是一直走在前列，是学生中凤毛麟角的佼佼者。

正因如此，40 多年后她连续 4 年当选为英国保守党领袖，她就是英国第一位女首相、被政坛誉为"铁娘子"的——玛格丽特·撒切尔夫人。

"永远都要坐前排"，这是一种积极的人生态度，激发你一往无前的勇气和争创一流的精神。在这个世界，想坐前排的人并不少，而真正能够坐在"前排"的却总是不多。许多人之所以不能够坐到"前排"，就是因为他们把坐在前排仅仅当成了一种人生理想，而没有采取具体行动。那些最终坐到前排的人之所以成功，是因为他们不但有理想，更重要的是把理想付

· 49 ·

诸行动。

一位哲人曾说过：无论做什么事情，你的态度决定了你的高度。

让我们以玛格丽特为榜样，抱着一往无前的精神和信念，尽自己的最大努力克服一切困难，做好每一件事情，事事必争一流，以自己的行动实践着"永远都要坐在前排"，最终实现自己的人生超越。

在生活中，只要你永争第一，世界上美好的事物就自动会向你靠拢。乔丹打篮球成为世界顶尖篮球巨星，不但一年收入 8000 万美金，而且还有人找他拍电影，有人找他拍广告，有人找他出书。请问他的运动鞋需要自己买吗？不用，耐克会提供；他穿的西服需要自己买吗？当然也不用，别人不但免费提供，还要付他广告费，甚至香水厂商还借乔丹的名字与肖像生产乔丹牌香水。乔丹什么事都不用做，只要出名字与头像，别人就送他30%的股份。你说为什么？因为他是他的行业中最顶尖的人，他是世界上有史以来最伟大的篮球巨星。

成龙拍电影时，各个汽车厂商主动争取免费提供汽车的机会，让成龙在电影里面表演特技。成龙选中日本三菱跑车，三菱立刻提供上百台新车让成龙拍摄赛车镜头，成龙将车撞得稀烂，三菱也分文不取，为什么呢？因为成龙是最棒的，他的电影总是最卖座的。

成龙拍一部电影需要许多特技镜头，拍摄时有的当地政府派出警察帮他开道，甚至封闭路段也不收取成龙费用，只为了协助成龙拍电影。为什么呢？因为成龙是世界最顶尖的特技明星，他的电影在国际上非常卖座。

成龙在马来西亚拍电影，意外将"万宝路香烟"的广告招牌撞坏，万宝路公司不但不要求赔偿，还决定不必将招牌修好，因为是成龙撞的，宣传价值更大。

成龙从小练功，为了进入戏班子演戏，7 岁开始吃苦头。后来当上电影替身演员从事危险动作，当时他替李小龙做特技替身，立志要超越李小龙成为国际巨星。在历尽了 40 年后，终于成为国际巨星。他拍电影的收入都以提成方式获取，虽然片酬本身不高，但提成收入总是超越别人的片酬。因为电影一旦卖座，全世界的电影院都在替他赚钱，连好莱坞的巨星开餐厅，都来香港要求与成龙合伙，他不但赚钱、出名，拍电影省成本，有人替他出书，甚至连香港政府都要颁奖给他，这到底是为什么？因为他已经成为行业中的顶尖，别人自然愿意奉送给他这些东西。

习性点拨

演说家世界第一名安东尼·罗宾会不会赚钱？当然会。只要你是最好的，一定是最成功的，你说是不是？

经常自我反省

自省，贵在自觉。一个人只有通过自律、反思、剖析、克制等等，才会静下心来，客观公正地评价自己，并能清楚地认识到自身的缺陷。一个人如果不懂得自省，或者缺乏主动的自省精神，这样的后果就是盲目自大，以至遭遇损失时还一味抱怨他人，从不想想问题的根源就在自己身上。

苏轼写过一篇《河豚鱼说》的故事，里面说的是河里的一条豚鱼，有一天游到一座桥下，却不料一头撞到了桥柱上。它不责备自己不小心，也不打算绕过桥柱游过去，反而生起气来，恼怒桥柱撞到它。河豚气得张开两鳃，鼓起肚子，漂浮在水面，很长时间一动也不动。后来，一只老鹰发现了它，一把抓起了它，转眼间，这条河豚就成了老鹰的肚中之物。

故事中的这条河豚，自己不小心撞上了桥柱子，却不知道反省自己、责备自己，不去改正自己的错误，反而恼怒别人，结果白白丢掉了自己的性命。

在现实生活中，有很多类似于河豚这样的人，他们从来就没有反省、检查过自我，反而在遭受失败或遇到其他不幸时就抱怨不已，美玲就是其中的一个。

美玲人生得漂亮，而且还接受过良好的教育，但不幸的是她有过一次失败的婚姻。不过，由于她的美貌，虽然离过一次婚，但身边却不乏追求者。然而遗憾的是，美玲却总是感到自卑，对自己信心不足，认为自己配不上那些追求者，因此许多恋情都无疾而终。

为了让自己心理上有优越感，为了能加重自身的"砝码"，美玲开始到处求助整形医生，希望自己能美丽一点，再美丽一点。但整容医生告诉她：

摆脱依赖，改变心态

"你已经很美了，不再需要任何整容。"美玲无法接受整容医生的忠告，她又来到另一个城市，去求助那里的整容医生……

如今，美玲仍旧美丽，但她心理上的问题并未因此改善，她还是不快乐，还是在男士面前自卑，还是对婚姻缺乏安全感。

事实上，一个人美丽与否并不能决定婚姻的质量，更不能保证婚姻的稳固性。但美玲却没有进行自省，没有认真思考自己婚姻失败的原因到底是什么，反而本末倒置地去求助整容医生。其实，需要"整容"的是她的内心，而非她的外表。如果美玲没有意识到这一点，那么无论她怎么整容、怎么漂亮，她对婚姻都不会有安全感。

可见，自省对我们来说是何等的重要！不自省，就无法认识到自己的缺点与不足；就无法认识到自己的愚昧与无知。

自省的过程是一个自我检讨、自我反思、自我提高的过程。通过这个过程认识自己，打扫洗涤自己大脑中的"污垢"和"灰尘"，就可以少犯错误，使自己的道德品质日臻完善。

唐太宗李世民曾以"以铜为镜，可以正衣冠；以史为镜，可以知兴衰；以人为镜，可以明得失"来自省。古代帝王尚能如此，我们现代人没有理由不做得更好。

 习性点拨

> 海涅所言："反省是一面镜子，它能将我们的错误清清楚楚地照出来，使我们有改正的机会。"

"态度"是你的金钥匙

一位成功学家曾说："如果老天爷不曾给你显赫的家世和出身名校的高等学历，那么，'态度'将是唯一能使你胜出的金钥匙。"很多事实都证明了这句话的正确性。

1997年12月，英国报纸刊登了一张英皇室查尔斯王子与一位街头游民合影的照片。这是一段戏剧性的相逢！原来，查尔斯王子在寒冷的冬天拜访伦敦穷人时，意外遇见了以前的校友克鲁伯。克鲁伯说："殿下，我们曾经就读同一所学校。"王子反问："在什么时候？"克鲁伯说在山丘小屋的高等小学，两人还曾经互相取笑彼此的大耳朵。王子的同学沦落街头，这是一段无奈的人生巧遇。

事实上，克鲁伯出身于金融世家、就读贵族学校，后来成为作家。老天爷送给他两把金钥匙——"家世"与"学历"，让他可以很快进入成功者俱乐部。但是，在两度婚姻失败后，克鲁伯开始酗酒，最后由一名作家变成了街头游民。那么，打败克鲁怕的是婚姻两度失败吗？不是，而是他的态度。从他放弃"正面"的态度那刻起，他就输掉了一生。

态度是什么？如果家世与高学历是迈向成功者俱乐部的前两把金钥匙，态度就是最关键的第三把金钥匙！态度比教育、金钱、环境更重要。查尔斯·史温道尔曾说："态度比你的过去、教育、金钱、环境……还来得重要。态度比你的外表、天赋或技能更重要，它可以建立或毁灭一家公司。"

在最近总经理级人物"CEO"问卷调查中，有80%的人承认，并非特殊才能使他们达到目前的地位。这些人当中没有一个人在班上是名列前茅的，之所以能达到目前的地位就是凭借态度。你的人生拥有几把金钥匙？如果拥有第一把与第二把金钥匙的机会已经失去，那么取得第三把金钥匙的主控权在你自己。

曾被《华尔街日报》誉为"态度之星"的凯斯·哈维尔在其著作《态度万岁》中指出：要培养态度，首先必须先找出人生"目标"与"热情"。没有"目标"与"热情"，很容易迷失方向，深陷于挫折中。

有了梦想，立即把它写下来，并为它定下可操作的行动策略，只要目标一确定，就告诉自己，"永不放弃、永不停止"，勇敢面对任何的挫折及挑战。

 习性点拨

> 态度不仅决定一个人的事业高度，也会决定这个人其他方面的价值。态度已经成为决定一个人价值的关键。当态度成为竞争的决胜武器时，你准备好了吗？

掌握选择心态的权力

古时候，某国即将面临一场战争。国王颁布法令：凡年轻力壮者，一律准备开赴前线。张三和李四也在应征之列。

这天，张三对李四说："唉，我害怕战争。我怕到了前线会负伤，甚至会丢了性命。"

"张三，我与你的想法刚好相反。虽然我也讨厌战争，但是，万一真的到了部队，我想也没什么担心的。"李四说。

"你竟然认为没什么好担心的？"张三对李四的话既吃惊又反感。

"是的。如果到了部队，我被分配到内勤单位，也就没什么好担心的了。"李四说。

"那如果被分配到外勤单位呢？"天天问。

"那还有两个机会，一个是留在本山头，另一个是分配到外地。如果是留在本山头，我也不用担心呀。"李四说。

"那如果分到外地呢？"

"分到外地也有两个机会，一个是后方，一个是前线。如果在后方，也是很安全的。""那如果是分到前线呢？""分到前线同样有两个机会，一个是给国王当卫兵，另一个是遇上意外事故。如果是给国王当卫兵，我想我还是能平安的。""那如果是遇上意外事故呢？""即使是遇上意外事故，也还有两个机会，一个是受轻伤，另一个是受重伤。如果是受了轻伤，可能把我送去治疗，那样就没有危险了，我同样不用担心。"

"那……那如果是受了重伤不治而亡呢？"张三颤声地问。

"哈……哈……"李四放声大笑着说，"如果遇上那种情况，我人都死了怎么还会担心呢？"

没有人能完全左右自己的命运，但至少有充分掌握选择自己心态的权力。人生拥有的最大权利，就是不断地抉择，但要看你用什么样的态度，去看待那些需要你去决定的问题。如果往积极的地方想，你就能拥有快乐，反之，则是恐惧和不安。

某儿童医院里，躺着两个可爱的小女孩。她们都是因为玩耍时，不小心折断了一条腿，虽经及时治疗，但那条伤腿已无法恢复到正常状态，她们终身都将拖着一条跛腿。

一个小女孩很伤感，常常泪水涟涟地说："这条可恶的跛腿，使我不能够再跑步、跳舞，我诅咒！"而另一个小女孩却笑盈盈地说："感谢这条跛腿，我还拥有美好的生命，我感激！"

 习性点拨

> 毫无疑问，只有积极的心态，才能使你迎战突如其来的挫折，不被挫折所击垮，也只有这样，你才能从挫折中获得有益的经验和教训，进而走上成功的道路。

态度决定人生的高度

一个人能否取得成功，态度起着极为重要的作用！成功人士始终用最积极的态度思考，最乐观的精神和最丰富的经验支配和控制自己的人生。而失败者恰恰相反，他们的人生是受过去的种种失败与疑虑所引导和支配的。心理学家威廉·詹姆斯曾经说过：我们这一代最伟大的发现就是，人类可以借改变心中的态度来改变人生。

生活中那些成功者最大的特点，就是无论何时何地对待何人何事都能持有正确的态度，即使有时候态度不正确也能及时调整过来。态度就像磁铁，无论我们做什么事都会受到它的吸引。正确与错误的态度能使我们朝着截然相反的方向前进。无论是工作还是生活甚至漫长的人生，有许多事情是人力所不能及的，是不由人的主观意志所决定的，正所谓"月有阴晴圆缺，人有旦夕祸福，此事古难全"。

但是，生活让我们懂得了"环境无法改变，但心境可以改变；环境无法调整，但心态可以调整"的人生真谛，当我们面对不利因素、面对缺憾与不足、面对挫折与失败，如果能及时地改变错误的态度，人生就会出现

转机，甚至会出现奇迹。

有一位衣衫褴褛的断臂青年来到一个妇人家乞讨，那妇人见他虽身有残疾但身体还很健康，年龄也不大，只有三十出头的样子，便对他说："我家里没有什么东西可给你，但是后院里有一堆砖请你帮我搬到前院来，到时候你可以得到1块钱。"

年轻人有些为难，妇人接着说："一只手也可以劳动，不能多拿可以少拿，只要努力就可以做到。"年轻人听后便开始用一只手搬砖。妇人的孩子见了想去帮忙，没想到却被妇人拦住了。一下午时间过去了，那些砖被年轻人搬到了前院，妇人拿出1块钱给他，说："这是你的劳动所得。"年轻人拿着钱心情激动地对妇人说："谢谢你，让我知道了自己不是一个废人。"

十几年时间过去了。一天，一个衣冠楚楚的人拿着许多礼物来到妇人家，他西服的一只衣袖空荡荡的。见到妇人后，他万分感慨地说道："当年你让我搬砖，使我找回了自我，让我改变了对待生活的态度，从此也改变了我的人生。"

人们犯的最常见、代价最高昂的错误，就是认为成功只是依赖某种特殊的才能、某些自身不具备的素质。其实，成功的要素就掌握在你自己的手中，就在于你对待工作和生活的态度。

有时候，一项计划能否顺利实施并取得成功的几率有多大，很大程度上决于人们在实行计划时的态度。当然，我们并不是说有了积极的态度就能保证事事成功，但积极的态度肯定会改善你的生活。因此，请记住：我们怎样对待生活，生活就会怎样对待我们；我们怎样对待别人，别人就会怎样对待我们……态度决定高度，态度决定成败。

 习性点拨

在现实生活中，我们应该以正确的态度对待一切：敬业是为自己，努力是为自己，付出是为自己，信用是为自己，我们所做的一切都是为了自己。

读高中的时候，杰温·汤姆的几何曾经三次不及格。最终，汤姆及格了，并且进入宁威斯康星的一所大学主修心理学。

一个小小的难题横在了汤姆和他的学位之间——统计学。它有一个汤姆必须在第二年完成的四个小时的实验。在听说了各种有关统计学的可怕传闻之后，汤姆在精神上被推到了一个绝望的位置。这种恐惧是毁灭性的。

一天，汤姆被叫进了教授的办公室。

法因教授是一个矮矮的、胖胖的、有着细细的头发和永恒微笑的男人，他坐在桌子的前半部分，脚悬在半空中。他看了看汤姆的要求换专业的申请，然后把手放到了头上。

"孩子，今天可是你的幸运日。"

汤姆抬起头来看着法因教授。法因教授又重复着，"今天确实是你的幸运日。你要相信，任何一种遗传基因，都有得到补偿的时候。你将在统计学上非常出色。"他的脸上绽开了一个大大的笑容。

"能告诉我是怎么回事吗?"汤姆问道。

法因教授耸耸肩，说："你拥有第二种思维方式。听着，拥有第一种思维方式的，是那些擅长几何却在统计学中表现很糟糕的孩子。他们学统计时会疯了一样地挣扎，那是一种完全不同的数学，因而需要一种不同的思维方式，就像你的思维方式。"他拿起了汤姆的成绩单。

"你对几何缺乏天分，但你很可能在统计学上拿到'A'。几何学得好的孩子一般都学不好统计，几何很糟的孩子却能很轻松地理解统计学的各种难题。如果你有一次几何不及格，我想你就能在统计上得到一个'A'或者'B'。想想吧，孩子，你有三次都不及格，你简直就是一个天才。"他又一次把手放到了头上。

"天哪!是真的吗?"汤姆被弄糊涂了。

法因教授跳到了地板上，用他的手托起汤姆的脸，并瞪大了眼睛，说："真的，我真为你感到高兴。你从没有放弃过，现在是该你得到补偿的时候了。"

一阵狂喜包围了汤姆。法因教授撕碎了汤姆的申请，碎片撒落在垃圾桶附近的地板上。法因教授握了握汤姆的手，又拍拍他的背，怀着一种极大的热情和鼓励。

当离开这座象牙色的砖砌建筑并在校园里穿行的时候，汤姆向二楼的窗户望去，法因教授还在微笑着，他竖起两根手指，意思是"第二种思维方式"。汤姆也冲他笑了笑，然后竖起了三根手指，意思是"三次不及格"。

到汤姆升上二年级的时候，这一幕在他的脑海里已经至少重复了一千遍。每一次想起，汤姆都会看到一个赞许的微笑，一次坚定的、热情洋溢的握手，很可能还有法因教授向其他教授关于自己的介绍，其中对他的期待则被一遍又一遍地重复着。

后来，汤姆开始告诉自己的朋友们，自己是多么期待能学好统计学。带着对自己的全新的"第二思维方式"的清醒认识，汤姆得到了大学生涯里的最高分。汤姆从未想过自己会做得这样好，并且本来很可能做不到，如果不是法因教授的话。

整整两年，汤姆都期待着统计学课的来临。当这一刻终于到来的时候，汤姆做了一件自己从未在其他数学课上做的事情——抢占了一个前排的座位。问了那么的问题以至于让人觉得讨厌。那个学期汤姆的统计课本从来没有远离过自己。当然，汤姆和朋友相处以及出游的时间也变得很少了。他给自己定下了一些原则，并且坚持着。

无论法因教授是怎么说的，统计学确实是一门很难的学问，它需要高度集中的注意力和频繁的指导。但是，付出总是有回报的，汤姆获得了那年全校唯一的全 A。

不久以后的一天，汤姆偶然遇到了法因教授从前的一个助手，他说："祝贺你！"他笑一笑之后继续说，"法因教授总是告诉那些天赋不好的学生'第二种思维方式'的故事。你一定会对这个故事奏效的程度感到吃惊，是吗？"

成功的方法有许多种，"第二种思维方式"就是其中之一。下次，当你遇到困难想放弃时，或是在某一件事上否认自己时，不妨想想第二种思维方式的故事。毫无疑问，第二种思维方式就是积极的思维，就是用积极的态度去面对即将发生的事情。

 习性点拨

> 当我们凡事用积极的心态去面对时，就能消除大脑中固有的消极想法，并且相信自己一定能做好某件事情。当然，这样的结局是会让自己满意的，因为当我们把潜意识中的恐惧克服了之后，成功的路上就会少了一道障碍。

成功，85%靠的是态度

有什么样的态度，就有什么样的人生。一个人成就的大小，和他的态度有关。你的态度端正，积极，你的人生就容易成功、幸福；你的态度消极，你的人生就容易遭受失败。

有一天，一位知名的企业家在一家餐厅用餐时，侍者进来给他的茶杯里加水。"加"是错误的用词。事实上，侍者是"滴滴答答"地把水溅得到处都是！很显然，侍者是不快乐的，因为他在用消极的态度对待自己的工作。

"你根本不喜欢你的工作，对吗？"这位企业家问侍者说。

"是的，我不喜欢，我非常讨厌它！"侍者回答道。

"好的，别烦这工作了，因为你也做不久了。"企业家说。

"为什么？"侍者很是吃惊。

"以你这种态度，这家餐厅不会继续留用你的，即使你付钱给他们。"企业家解释道。

感谢上帝，这位年轻人重新以相反的方式做事。很快，他就被提拔为主管——这一切归功于他态度的改变。

态度是十分重要的。不管你从事的是什么工作，你的态度决定你的工作质量，而一个人要想在事业上成功，85%靠的是态度。可是，还是有部分人没有意识到态度的重要性，他们对待工作粗心大意，即使开始时很认真，但做了一半后又放松了对自己的要求，以致弄得虎头蛇尾；有的本来做事

很好，但由于一个细节的疏忽，最终导致前功尽弃……这种种的不良结局，缘于你的态度。

王明是一家进出口贸易公司的员工，平时的工作主要是负责公司各类文件的起草、广告方案的策划、合同书的编写等，这些工作对于毕业于北京某高校中文系的王明来说，简直是小菜一碟。因此，在工作中，王明总是认为付出八成精力甚至更少就能轻松应付过去，他是这样想的，也是这样做的。

一次，经理让他做一份策划书，并一再强调这份策划书的重要性，因为这份策划书是在谈判时要交给客户一方的资料。

王明听后，拍着胸脯说："没问题，我会让公司和客户满意的！"

第二天，客户来到公司。接下来，经理就要和客户就王明的策划进行谈判交流。如果成功，将会为公司带来巨大的利润。

会议开始前王明将 10 份整理好的策划书交给了公司的商务代表。

"怎么没有页码？"商务代表看了看策划书说。

"我按顺序整理好了，不需要页码了。"

商务代表没有再说什么，信心百倍地抱着策划书走了。王明坐在办公室里悠闲地等待着谈判的结果。

1 小时后，会议提前结束。这样的情况一般有两种可能：一是客户很满意，认为可以按章执行；二是客户有所不满，认为不需要再谈了。从商务代表失望的眼神中，王明意识到是第二种结果。

这时，经理的秘书抱着策划书出来，并对王明说："请你将它们全部整理好，最好 10 分钟后能再交给经理。"

那 10 份几百页的策划书居然乱得难分顺序，王明整理起来十分吃力。20 分钟后，他将策划书整理好，抱到了秘书室。

不到 5 分钟，秘书又抱着策划书出来了，放在王明桌上，对他说："经理不小心把策划书掉地上了，现在又乱套了，他要你将它们全部整理好，最好 10 分钟后能再给他。记住，10 分钟！"

王明看着凌乱的策划书，开始后悔当初为什么不标上页码呢？于是，王明又开始分类，当然这回不忘在脚标上页码。10 分钟之内，王明将策划书交给了秘书。

5 分钟后，秘书再一次抱着策划书出来，整整齐齐地放在王明桌上，策划书上写着："很好，请你以后在策划书上标上页码，因为它是一种态度。"

下班后，王明从商务代表的口中知道了谈判失败的原因。原来，在谈判过程中，一个客户不小心将策划书掉在地上，策划书凌乱不堪，看不出头绪，他就抱怨公司的第划书没有页码，因此怀疑公司人员的工作态度，谈判也不欢而散。

平心而论，王明的那份策划书从内容上来说是无可挑剔的，创意很好又具有操作性，而且还兼顾到了双方的利益。但是，就因为王明的工作态度不够认真、细心，他忽略的问题最终暴露了出来，导致了谈判的失败。

事实上，在现代社会里，像王明这样有能力、有才华但没有端正态度的大有人在，他们往往恃才傲物，用漫不经心的态度去对待那些看似简单的工作，却没想到他们的一次马虎、一次忽略，往往有可能给公司带来无法弥补的损失。

 习性点拨

> 态度有时比能力更重要。当你用心、认真地去对待工作时，即使是平凡的工作，你也能把它做到极致。工作也会给予你丰厚的回报。

先改变你的心态

两个人从牢中的铁窗朝外看，一个看到的是泥土，另一个却看到了星星；生活在同样一个世界上，有的人过得幸福、快乐、富有，有的人却一直生活在苦恼和贫困之中。

这是为什么呢？

其实，人与人之间原本没多大区别，只是由于各自心态的不同而造成截然不同的人生结局。

曾经，有两个乡下年轻人外出打工。一个想去上海，一个要去北京。在候车厅等车时，听到邻座的人议论说："上海人精明，外地人问路都收费；北京人质朴，见了吃不上饭的人，不仅给馒头，还送旧衣服。"

想去上海的人听说北京人好，一想，挣不到钱也饿不死，庆幸车没到，不然一到上海真掉进了火坑。

去北京的人想，上海好，给人带路都能挣钱，我幸亏还没上车，不然真失去了一次致富的机会。

于是，他们在退票处相遇了，互换了车票。

去北京的人发现，北京果然好。他初到北京的一个月，什么都没干，竟然没有饿着。银行大厅里的纯净水可以白喝，大商场里试吃用的点心也可以白吃，他整天偷着乐。

去上海的人发现，上海果然是一个可以发财的城市，干什么都可以赚钱。带路可以赚钱，开厕所可以赚钱，弄盆凉水让人洗脸也可以赚钱。只要想点办法，再花点力气就可以赚钱。

凭着乡下人对泥土的感情和认识，第二天，他在建筑工地装了 10 包含有沙子和树叶的土，以"花盆土"的名义，向不见泥土而又爱花的上海人兜售。

当天他在城郊间往返 5 次，净赚了 40 元钱。一年后，凭着"花盆土"他竟然在大上海拥有了一个小小的门面。

后来，他在常年的走街串巷时，发现一些商店楼面亮丽而招牌较黑，一打听才知道是清洗公司只负责洗楼而不洗招牌。他立即办起一个小型清洗公司，专门负责擦洗招牌。慢慢地他的员工发展到几百人，业务也由上海发展到杭州和南京。

数年后，他坐火车到北京考察清洗市场。在北京车站，一个捡破烂的人把头伸进软卧车厢，向他要一只空啤酒瓶。就在递酒瓶时，两人都愣住了，因为数年前，他们曾换过一次车票。

这个故事告诉我们：心态是一柄双刃剑，积极的心态成就人生，消极的心态则毁灭人生。如果我们要想改变自己的世界，首先就应该改变自己的心态。心态是正确的，我们的世界也会是正确的。

遗憾的是，很多人并没有意识到积极心态的重要性。他们把自己过得不如意的原因归咎于上天对自己的不公平，未能给自己提供一个良好的环境，从而导致自己一直碌碌无为。那么，人生的结局真的是由于外界环境所造成的吗？

当然不是。正如世界著名潜能学大师安东尼·罗宾所说："影响我们人生的绝不是环境，也不是遭遇，而是我们持什么样的心态。"

一个人能否成功，就看他的心态了。成功人士与失败者之间的差别是：成功人士始终用最积极的心态支配和控制自己的人生。失败者则刚好相反，他们总是喜欢用消极的心态去看待和思考问题。

成功学家拿破仑·希尔说："播下一种心态，收获一种思想；播下一种思想，收获一种行为；播下一种行为，收获一种习惯；播下一种习惯，收获一种性格；播下一种性格，收获一种命运。"

 习性点拨

由此可见，心态的改变，就是命运的改变。

将自己的优点放大

我们提倡做人要有一颗谦和的心，但并不是指你要否认自己的一切优点、长处，这样既极端，又对自己的成长不利。所以，在必要的时候，将自己的优点放大，肯定它，正视它，是很有必要的，否则，如果认为自己一无是处，则便会陷入自卑的泥潭。

许多人之所以能在逆境中扭转乾坤，从失败走向成功，就缘于他找到了自己身上隐藏的优点，并将其放大，使之成为激励自己上进的"秘密武器"。

很久以前，一个穷困潦倒的年轻人，流浪到巴黎，恳请父亲的朋友能帮自己找一份谋生的差事。

"精通数学吗？"父亲的朋友问他。

年轻人羞涩地摇头。

"那法律呢？"

年轻人还是不好意思地摇头。

"地理、历史怎么样？"

年轻人窘迫地垂下头。

63

"会计怎么样？"

父亲的朋友接连发问，年轻人都只能摇头告诉对方——自己似乎一无所长，连丝毫的优点也找不出来。

"那你先把自己的住址写下来，我总得帮你找一份事做呀。"

年轻人羞愧地写下了自己的住址，急忙转身要走，却被父亲的朋友一把拉住了："年轻人，你的名字写得很漂亮嘛，这就是你的优点啊，你不该只满足找一份糊口的工作。"

把名字写好也算一个优点？年轻人在对方眼里看到了肯定的答案。

哦，我能把名字写得叫人称赞，那我就能把字写漂亮；能把字写漂亮，我就能把文章写得好看……受到鼓励的年轻人，一点点地放大着自己的优点，他在心里已找到自己奋斗的目标了。

数年后，年轻人果然写出享誉世界的经典作品。他就是家喻户晓的法国18世纪著名作家大仲马。

有良好心态的人，总会把自己的优点适当地放大，以此来激励自己，使自己带着一种轻松的心情去迎接困难。

 习性点拨

> 即使再平凡无奇的生活，也蕴藏着丰富的宝藏。只要你承认它，它就能给你带来信心，带来光明。

不守旧，不自封

什么是创新？大部分人都把创造性的思考，想象成小儿麻痹症疫苗的发现，或小说创作，或彩色电视机的发明。不错，这些都是创新的结果。但是，创新不是某些行业专用的，也不是超常智慧的人才具备的。只要你能改变自己的思路，就一定能够改变自己的人生结局。"文明的历史，基本上乃是人类创造能力的记载。"阿斯本用这样一句简单的话，表明了人类创造能力的重要性。不过任何创造都是思维之花结出的实践之果，没有成功的思维就没有成功的创造。然而遗憾的是，我们很多人已执著于"人云亦云"，已被旧有的思考模式所禁锢，从而无法走出一条新路。因此，如果我们要想进步，要想预防自己的思维不被禁锢，没有老化，就需要以创造精神创造性地去解决自己面临的问题，只有突破思维定势，打破条条框框，我们才有可能获得成功。而一个因循守旧、固步自封的人，只能成为时代的落伍者。

大航海家哥伦布发现美洲后回到英国，女王为他摆宴庆功。

酒席上，许多王公大臣、名流绅士都瞧不起这个没有爵位的人，纷纷出言相讽。

"驾驶帆船，太容易了！女王不应给他这样高的奖赏。"

"这有什么了不起的，我出去航海，一样会发现新大陆，或许还能发现更多的新东西。"

"只要朝一个方向航行，就会有重大发现，这样的事情太简单了。"

这时，哥伦布从桌上拿起一个鸡蛋，笑着问大家："各位尊贵的先生，哪位能把这个鸡蛋立起来？"

于是，一些自以为能力超群的人物纷纷开始立那个鸡蛋，但左立右立，站着立坐着立，想尽了办法，也立不住椭圆形的鸡蛋。

"我们立不起来，你也一定立不起来！"大家把目光盯住哥伦布。

哥伦布拿起鸡蛋，"砰"的一声往桌上磕了一下，大头破了，鸡蛋牢牢地立在桌子上。

众人嚷道："这谁不会呀！这太简单了！"

哥伦布微笑着说："是的，这很简单，但在这之前你们为什么想不到呢？"

有许多事情看上去很简单，但发现的过程却是复杂和艰辛的。因此，我们要善于打破常规，只有打破了那些陈旧的条条框框，才会发现简单中的不简单、寻常中的不寻常、混乱中的规律，这样我们才会有与众不同的建树。

然而在日常生活中，很多人却没有发挥自己的创造性，他们习惯了踩着前人的脚印走，因此一辈子平平庸庸，没有取得任何大的成绩。

唐纳德·道格拉斯是美国飞机制造业第二代领导人中最著名的人物，他是一位既懂军事又强调科学思考的实业家。但就是这样一位大名鼎鼎的人物，最后也因为思维僵化、墨守成规、不敢创新而导致了巨大的失败。

道格拉斯公司原先主要生产军用飞机，并且在军事市场上保持着极大的份额，虽然民用飞机比军用飞机更为畅销，但军用飞机造价高，且签订合同后军方要向制造商提供保证金，加之道格拉斯和军方有良好的关系，使许多政府合同无需竞争，更为重要的是，在军用飞机制造方面，道格拉斯享有很高的声誉，公司所生产的产品有90%是卖给各国政府的，大部分产品是各种战斗机，这些飞机的利润率极高，使道格拉斯公司在很长一段时间内都能遥遥领先于其他公司。

然而，道格拉斯被这一片繁荣迷住了双眼，虽然他在大力拓展军用飞机的同时，也没有放松对商用飞机的开发，并且其生产的商用飞机也一度占领了较大的市场份额，但是在最关键的大变革时代，道格拉斯的思维却不像以前那样敏捷了，他变得有些畏缩，因此当波音和泛美这些对手逐渐强大并直接和他竞争时，由于墨守成规不愿冒险，道格拉斯遭受了致命的打击。

1954年，波音公司的第一架四引擎喷气飞机试飞成功，军方宣布将购买这种飞机。其实，道格拉斯公司早在1952年就开始研制喷气飞机，但在这方面波音公司显然已占了先机。然而，道格拉斯并不急于去缩小这种差距，关键是他完全不能肯定喷气飞机的前途。在这点上，道格拉斯不愿冒险，他不同波音公司竞争商用喷气飞机的第一批订单，他想先看看这种冒险是否有利可图。

然而，正是道格拉斯这种守旧、僵化的思想，导致他在这次机会来临时没有把握住。由于对商用喷气飞机的消极看法，导致了他空前的失败——波音公司的喷气飞机已遥遥领先了。道格拉斯丧失了好几宗有重要意义的军事合同，其公司销售额和利润额急剧减少，并最终由麦克唐奈公司接管。

由于思维僵化，道格拉斯在关系到企业生死存亡的时刻，出现了巨大的失误——由于没有创新精神，加之不敢冒险，他迟迟不能对是否进入新的领域做出决定，从而导致了市场被竞争对手占领，等到道格拉斯意识到自己的错误再想改进时，一切都已经晚了。

 **习性点拨**

> 如果我们要想在事业上获得很好的发展，首先就必须打破条条框框，决不能固步自封，否则，就会因思维老化或落后而遭受失败。

克服懒惰，建立自信

自信是一个人走向成功的关键，是一种心中抱着坚定的希望和信念走向伟大荣誉之路的感情，是与失败抗争的一种必备的心理素质。不相信自己比别人都出色的人是个可怜虫。

播种争第一的信心

在一所大学里，有位白发苍苍的老教授问他的学生们："世界第一高峰是哪座山？"同学们都笑着举起了手，的确，有谁不知道世界第一高峰是喜马拉雅山呢？教授接着问："那么，有谁知道世界第二高峰的名字？"这次，同学们都低下了头，没有一个人举手。

其实，世界第一和世界第二是紧挨着的两个名次，"第一"人们能够轻而易举地记着，"第二"却被人遗忘，这说明了做第的重要性！做人也如此！

你敢说自己是第一吗？这个问题的回答并不困难。如果你是个渴望成功的人，并且意识到以个性为中心是成功的基础，你就会回答：我是第一！

为什么一定要是第一呢？因为你本来就是第一。至少，你要在自己意识中播种争第一的信心，这样你才会有勇气去争取成功。

无数受人尊敬的成功者，都曾经宣称自己是第一人物。是不是第一无须追究，关键是他们的确取得了个人成功。基安勒很小的时候随父母从意大利搬到了美国，在汽车城底特律度过了悲惨的童年，痛苦和自卑成为他心头抹不去的不良印痕。他那碌碌无为的父亲告诉他："认命吧，你将一事无成。"这个说法令他沮丧，老是想着自己苦闷的前程。

有一天，母亲告诉他；"世界上没有谁跟你一样，你是独一无二的。"从此，他燃起了希望之火，认定他是第一，没人比得上他。自信奠定了成功的基础。他第一次去应聘，这家公司的秘书要他的名片时，他递上一张黑桃 A。结果立刻得到面试的机会。经理问他："你是黑桃 A？"

"是的。"他说。"为什么是黑桃 A""因为 A 代表第一，而我刚好是第一。"这样，他被录用了。

想知道后来的基安勒怎么样了吗？他成功了。真的成了世界第一。

他一年推销 1425 辆车，创造了吉尼斯纪录，怎么样？第一的威力厉害吧？基安勒每天临睡前都要重复几遍说："我是第一。"然后才入睡。这种鼓舞性的暗示坚定了他的信心和勇气，他的个性得到了有力的强化。

你一定要学学基安勒，相信自己是第一。一个连自己都不相信的人能指望别人相信吗？鼓舞你的人恰恰是你自己。

 习性点拨

> 只要有信心，就能战胜一切艰难困苦，取得最后的胜利。

成为你想成为的那种人

法国有一位叫伊尔·索尔芒的著名的心理学家，在调查了全世界的 18 个贫困的国家后，他得出了这样的结论：人类最大的敌人不是灾祸，不是瘟疫，不是令人憎恨的战争，人类最大的敌人就是自己。自己的懦弱，自己的虚荣，自己的恐惧。自己都不相信自己的时候，你就什么都完了。所以，"相信自己"很重要。

有一位外科医生，他以善做面部整形手术闻名遐迩。他创造了许多奇迹，经整形把许多丑陋的人变成漂亮的人。他发现，某些接受手术的人，虽然为他们做的整形手术很成功，但仍找他抱怨，说他们在手术后还是不漂亮，说手术没什么成效，他们自感面貌依旧。

于是，这位著名外科医生悟到这样一个道理：美与丑，不仅仅在于一

个人的本来面貌如何，还在于他是如何看待自己的。

一个人只要相信自己是最棒的，那么，他就能成为自己希望成为的那样的人。

世界著名影星索菲亚·罗兰第一次踏入电影圈试镜头时，摄影师抱怨她那异乎寻常的容貌，认为她的颧骨、鼻子太突出，嘴也太大，应当先去整容一下再试镜头。她却说："我不打算削平颧骨、换个鼻子和嘴巴。你们不喜欢灯光照在我脸上的样子，要解决这个问题，不是我要整容，而是你们要好好想想应当怎样给我拍照。虽然我的脸长得不漂亮，但长得很有特色。"

这就是自信的魅力！

在人生的大舞台上，每个人都是自己岗位上的主角。因此。我们不要总是被别人的言论所操纵，而要相信自己、肯定自己。

莫小米讲了这样一个故事，对那些没有自信的人来说应该有所启示。

某人对自己总是没有信心，觉得自己做什么事情都不会成功，而且连自己的钥匙都管不好，不是丢了，就是忘了带，要不就是反锁在门里边。他的301办公室就他一人，老是撬门也不是个办法，配钥匙时便多配了一把，放在302办公室。这下无忧无虑了好些日子。

有一天，他又没带钥匙，恰好302室的人都出去办事了，又吃了闭门羹，于是他在303也放了钥匙，多多益善。最后就变成这样，有时候，他的办公室，所有的人都进得去，只有他自己进不去。

 习性点拨

> 如果在现实生活中放弃自己的权利，让别人的意志来决定自己，就会失去自我，也就失去了自我追求和信仰，也就失去了自由，那自卑就会随时来压迫你，迫使你归入生活的阴暗里面去，最后变成一个毫无价值的人。要知道，人生最大的损失莫过于失掉自信。

自信才能自强

缺乏自信常常是一个人性格软弱和事业不能成功的主要原因。自信是一种感觉，有了这种感觉，我们才能怀着坚定的信心和希望，开始伟大而又光荣的事业。一个人只有先相信自己，然后别人才会相信你。

美国皮套业的明星约翰·比奇安，曾经是一名警官，只是喜欢在业余时间做皮套。后来，约翰创办了全美最大的制造皮套和皮带厂家——比奇安国际公司，其产品专供执法人员和军方使用。他也担任过亨廷顿控股公司的顾问和瑟法里公司的发言人。比安奇在这个行业有极大的吸引力，当他出现在皮套展览台时，展厅的人们排着长队，只为一睹他的风采，就像西部乡村歌星会见他的歌迷一样。

约翰给别人讲过这样一个故事："信不信由你，38 年前，我还年轻的时候，在咖啡厅干过活，我看见公司的老板进进出出，我观察他们时就问自己：什么使他们与众不同？他们在干些什么？我应当好好研究一下。我发现一件非常重要的事情——他们有一个重要的特点，就是充满信心。他们无所畏惧，他们是自信的。从那时起，我反复思考，后来发现，恐惧是产生许多问题的根源。你必须对自己有信心，如果你自己没有信心，任何人都无法相信你。"

莱尼特是一名普通的修理工。他的朋友们条件与他差不多，但薪水却都比他高，住在高级的住宅区。莱尼特觉得很困惑，究竟自己什么地方不如他们？

在见过心理医生之后，莱尼特找到了症结所在。莱尼特发现自从他懂事以来，就极不自信、妄自菲薄、不思进取、得过且过，他总是认为自己无法成功，也从不认为可以改变这一点。

于是，莱尼特痛下决心，再也不自我贬低，要信心十足。他辞掉了原来的工作，通过面试，进入一家知名的维修公司，两年之后，成为行业中的著名人士。

在上面的两个例子中，他们的成功都被他们掌握在自己的手中，而他们成功的关键就是因为自信。

可见。自信绝不会在遥远的地方，它就在被我们曾经忽视的脚下，等待着我们大家去发现，去掌握。

欧洲有一句名言："一个人的自我思想决定他的为人。"行为是思想绽放的花朵。人们外在的言行举止，无论是自然行为还是刻意行为，都是由内心隐藏的思想种子萌芽而来。

 习性点拨

> 自信是一种心中抱着坚定的希望和信念走向伟大荣誉之路的感情，不相信自己比别人都出色的人是个可怜虫。不管我们的情况多么糟糕，或是沉沦在多么低下的地位，我们决不同任何人对换身份；当我们满怀自信，并且全力以赴时，做任何事情都有可能获得成功。

自信的人生最美丽

我们每个人身上都有这样或那样的缺点，缺乏自信心便是其中的一种。这种人总是自怜自怨，认为自己从头到脚，从里到外，一无是处，甚至不敢昂首走路。难道这种人真的没有优点，没有任何可爱之处吗？不是！只是他们丢失了自信罢了。

在纽约郊区的一个贫民区里，一位家境贫穷的黑人小女孩从小失去了父亲，她和体弱多病的母亲相依为命。她母亲没有文化，没有技术，只能靠打零工维持母女俩的生计。小女孩很自卑，因为从来没穿戴过漂亮的衣服和首饰。在这样极为贫困的生活中，小女孩一天天地长大了。

在她 18 岁那年的圣诞节，女孩的妈妈破天荒给了她 10 美元，让她给自己买一份圣诞礼物。

女孩很兴奋，她决定给自己买一件礼物。但是她没有勇气从大街上大大方方地走过，她捏着钞票，绕开人群，贴着墙角朝商店走。

一路上，她看见所有人的生活都比自己好，心中不无遗憾地想，我是

这个街区最寒碜的女孩子。看到自己特别心仪的小伙子，她又酸溜溜地想，今天晚上盛大的舞会上，不知道谁会成为他的舞伴呢？她就这样一路想着心事躲着人群来到了商店。

一进门，女孩感觉自己的眼睛都被刺痛了，她看到柜台上摆着一批特别漂亮的缎子做的头花、发饰。

正当她站在那里发呆的时候。售货员对她说，"小姑娘，你的亚麻色的头发真漂亮！如果配上一朵淡绿色的头花，肯定美极了。"

她看到价签上写着8美元，就觉得太贵了，但还是忍不住试了试。这个时候，售货员已经把头花戴在了她的头上，并拿起镜子让她看看自己。

当这个姑娘看到镜子里的自己时，突然惊呆了，她从来没看到过自己这个样子，她觉得这一朵头花使她变得像天使一样光彩照人！

而且，这时售货员也赞叹道："漂亮极了，你简直是上帝派到人间的天使！"

女孩不再迟疑，掏出钱来买下了这朵头花。她的内心无比陶醉，无比激动，接过售货员找的两美元后，转身就往外跑，结果在一个刚刚进门的老太太身上撞了一下。她仿佛听到那个老太太在叫她，但已经顾不上这些，就一路飘飘忽忽地往前跑。

女孩不知不觉就跑到了街区最热闹的地方，她看到所有人投给她的都是惊讶的目光，她听到人们在议论说，没想到这个街区还有如此漂亮的女孩子，她是谁家的孩子呢？

这个女孩子简直心花怒放！她想我索性就奢侈一回，用剩下的二美元回去再给自己买点东西吧。于是，女孩又一路飘飘然地回到了小店。

刚一进门，那个老太太就微笑着对她说："孩子，我知道你会回来的，你刚才撞到我的时候，这个头花也掉下来了，我一直在等着你来取。"

这个女孩是幸运的，一个小小的发饰就帮她找回了自信。但在生活中，却有许多人沉溺于自卑中而不能自拔。比如，一位经营者认为自己没有读过 MBA，经营能力不如别人，更不敢抓住机会去扩大经营规模；年轻女子迷人可爱，但与邻居的女孩相比较后，便对自己的社交能力颇失望……这些人本来极为优秀，但在内心却憎恶自己，他们内心焦虑不安，没有自己的主见，总是用别人的判断标准扼杀了自己的信心。

只要正确、客观地认识自己，相信自己的能力，自信就会回到我们身上，而有了自信，我们的人生才会美丽。

成功属于自信的人

在现实中有这样一种人，他们在工作上遭受挫折时，便败下阵来，一蹶不振。这些人之所以如此，是因为他们缺少一种自信的心理，而那些对自己的前途充满信心的人，就能在挫折面前，及时调整心态，以最乐观的精神去支配和控制自己的人生。

很多时候，你必须要端正自己的心态，能够充分肯定自我。才能为你的成功打下良好的基础，相信自己，很多事情你一定能行！

许多每天从事推销的业务员都有这样的经验：如果早上起来，心情不佳，自忖无法应付即将面对的难缠的客户时，便会站在镜子前，对着镜子里那个满脸沮丧的自己大喊道：

"我能行……"

"我能控制自己的情绪……"

"我能掌控局势……"

"我能选择一种有效的表达方式……"

"我喜欢这样……"

"我会选择……"

这种积极的心理暗示不但可以使心情由阴郁变得开朗，还可以确保一天的业绩。

成功的道路总是充满曲折，充满艰辛，而成功者在走向成功的道路上，他们的内心也往往充满着矛盾和斗争。高呼"我能行"，其实就是要强化心中那个积极的、理想的自我形象，以战胜和排除消极的自我形象的干扰。

王凯从小就自卑，凡事没有自信。每逢老师或同学让他做什么事时，他总是不好意思地说:"不行不行,我不行。"

后来王凯下定决心:明天一定要以一副新的面貌出现在大家面前。但到了第二天,却总是又恢复了老模样。王凯明白了一个道理:在一个熟悉的环境中要改变自己是不容易的,它需要很大的勇气。但在当时王凯恰恰缺乏这一勇气。所以王凯那种不自信的样子一直持续到高中毕业。

上大学后,王凯来到了一个全新的环境中,于是王凯要建立自信的勇气与日俱增。王凯每天都面带微笑,精神饱满,干劲冲天。王凯在心里暗暗为自己加油,暗示自己"我能行"!后来,王凯班里成立了篮球队,因为王凯个头高,尽管不会打,也入选了,从此王凯就向同学学习关于篮球的知识和技术,每天都抱着篮球到操场练一会儿。几个月下来,王凯由篮球的"门外汉"成了一名篮球队的主力。

美国有个 NBA 联赛,其中有个夏洛特黄蜂队,黄蜂队有一位身高仅1.60 米的运动员,他就是博格斯,NBA 最矮的球星。博格斯这么矮,怎么能在巨人如林的篮球场上竞技,并且跻身大名鼎鼎的 NBA 球星之列呢?这是因为博格斯的自信。

博格斯从小就喜爱篮球,可因长得矮小,伙伴们瞧不起他。有一天,他很伤心地问妈妈:"妈妈,我还能长高吗?"妈妈鼓励他:"孩子,你能长高,长得很高很高,会成为人人都知道的大球星。"从此,长高的梦像天上的云在他心里飘动着,每时每刻都在闪烁希望的火花。"业余球星"的生活即将结束了,博格斯面临着更严峻的考验——1.60 米的身高能打好职业赛吗?

蒂尼·博格斯横下一条心,要靠 1.60 米的身高闯天下。"别人说我矮,反而成了我的动力,我偏要证明矮个子也能做大事情。"在威克·福莱斯特大学和华盛顿子弹队的赛场,人们看到蒂尼·博格斯简直就是个"地滚虎",从下方来的球 90% 都被他抢走了。他越是个儿矮越是飞速地低运球过人。

后来,蒂尼·博格斯进入了夏洛特黄蜂队(当时名列 NBA 第二)。在他的一份技术分析表上写着:投篮命中率 50%,罚球命中率 90%……

一份杂志专门为他撰文,说他个人技术好,发挥了矮个子重心低的特长,成为一名使对手害怕的断球能手,"夏洛特的成功在于博格斯的矮",不知是谁喊出了这样的口号,许多人都赞同这一说法,许多广告商也推出了"矮球星"的照片,上面是博格斯纯朴的微笑。

后来博格斯与夏洛特队接连签过 7 个赛季的合同，最后一个赛季一签就是 5 年，总薪水 750 万美金。他曾多次被评为该队的最佳球员。

博格斯一直还记得当年他妈妈鼓励他的话，虽然他没有长得很高很高，但可以告慰妈妈的是，他已经成为人人都知道的大明星了。

这位矮星说，他要写一本传记，上要是想告诉人们："要相信自己，只有相信自己，才能成功。"

每个人都祈求成功，但是最终只有对自己充满自信的人，才能有幸到达成功的彼岸。没有自信，李白不可能写出："天生我材必有用"的豪迈诗句；没有自信，罗斯福不可能以残疾之躯，带领美国人民走出"大萧条"的阴影。

 习性点拨

> 知识、技能的储备是自信的基础，具备了足够的知识和实际能力，自信就会发自内心，不必强装。否则，越是显得自信，就越是不自信。

正确评价自己

一个人能否正确地、客观地评价自己，是很难的事。因为有许多人总是或高或低地估计自己的能力，要么心太高，误以为自己能一下做好几件大事；要么心太低，由于自卑作怪而误以为自己什么事也做不好。这都是导致人生挫败的重要因素。因此，我们要学会冷静地评价自己，发掘适合自己做的事情，这样才有可能准确地施展自己的计划，实现自己的梦想。

毕加索年轻的时候，他的画被很多人否定过，但是他说："我不认为我的画不好，我认为它是好的，我对它是极认真的，倾注了全部心血，也许它并不完美，但是我会继续努力，不断完善它。我不企求别人都肯定我的画，这是不可能的，但我知道总有人会欣赏我的画，我代表我自己，但也可能表现一群人的想法，尽管这群人不是很多，但毕竟有，所以，我迟早会被一些人肯定。"他最终成为了伟大的画家。"

我们生命中成就的大小，大半看我们能否对自己有信心，能否拒绝一切足以损害能力、降低效率的精神敌人于心胸之外。

荷兰出生的世界上最伟大的画家凡·高，他的艺术对现代绘画影响非常大，特别对前苏联和德国表现主义影响更深远。他一生画了800幅油画和700幅素描，但他的全部作品在其生前仅仅卖出去了一幅。他的一生是在贫困潦倒中度过的，始终在和贫穷、困难和失败做顽强搏斗。在17年的绘画生涯中，他不在乎别人对他的评价，无所谓不被艺术承认，他始终坚持画他的思想，画他对生活的认识，并强烈地意识到这才是他真正的职业。

经历了近百年的艺术考验，他的作品一度成为了世界拍卖史上最昂贵的油画，被世界上各大博物馆争相收藏。生活就是这样，我们要学会正确地评价自己。

假如你现在的生活还不尽人意，先不要在意别人的看法，你要相信自己的直觉，丰富自己的梦想，这样你才会对未来有希望。

法国哲学家巴斯卡曾说："心灵具备某种连理智都无法解释的道理"。因此，我们要敢于大胆地跟随梦想前进，别害怕自己的能力有限，但也不要盲目。假如物理难倒了你，你可能没有机会成为量子物理学家；假如你已经四五十岁了，你可能无法在职业篮球赛中闯出一番天下，但是我们还有许多梦想可供选择。

如果你觉得自己一无是处，那是你无能的表现。当然，也许我们没有贝多芬那样的天才，也没有毕加索和凡·高那样精湛的画技，但是天生我材必有用。当你对自己有信心时，生活也不会辜负你。

信心对每个人都很重要，因此，要相信自己在某些方面的能力，不要愁眉苦脸，不要满心忧虑，不要愤愤不平，不要对过去耿耿于怀，不要对未来忧心忡忡。尝试换一种获取成功的方式，你就会感到轻松和快乐。

 习性点拨

> 经常想想什么事是你想做的，什么事是可以令你既觉轻松又乐在其中的，这有助于你去认知自己的才华，假如把这些才华运用在目标的追求上，成功的机会将会更多。

如何告别懒惰的习性

RUHE GAOBIE LANDUO DE XIXING

没有"不可能"

"这项工作太难了,我觉得自己没有能力完成,你还是交给其他人去做吧。""我害怕独自一人去外地开拓市场"……当你不停地说自己"不可能"时,你就会与成功的机会失之交臂。遗憾的是在现实生活中,还是有许多人面对困难时选择放弃或中止,而不继续努力,就是因为他们认为自己不可能做好那件事情。

当一个人在大脑里刻下了"不可能"三个字时,就会形成不良的习惯。为此,宾外大学研究生马丁萨利格曼做了一项造成人类心理学重要突破的实验,首先由狗的实验开始。萨利格曼观察许多狗接受电击的实验之后,发现有些狗根本不做任何反应,只是躺下来忍受痛楚。

其实验分为两个阶段:在第一阶段中,把狗分成三组。A组的狗拴上链子,并承受轻微电击,如果它们用鼻子碰一下横竿,就能使电击停止,狗儿很快就学会这个把戏。B组的狗系上同样的链子,也施以电击,但没有训练他们停止电击的办法,这些狗只能逆来顺受。C组的狗则是控制组,虽然系上链子,但不受电击。

在实验的第二个阶段,他一次一只,把所有的狗都关入一个箱子里,箱子的中央有一个很低的障碍物,每只狗都在箱子的一端接受轻微电击,而停止电击的方法就是跳过障碍物到达箱子的另一端。可想而知,A组的狗(可以控制电击的那一群)和C组的狗(未遭受过电击)很快就找出越过障碍物,逃过不适之感的方法,但在第一阶段无法控制电击的狗群则有不同的反应,它们躺下来低吠,并没有尝试逃脱。

萨利格曼发现,这些狗已经习惯于逆来顺受,换言之,它们认为自己已经不可能越过障碍,已经无能为力了。其他学者也发现猫、鼠、狗、蟑螂和人全都可以学到相同的反应。如果轻易向"不可能"低头。不论你做什么,不论如何努力,都不会有任何效果。

还有一个有名的例子是纳粹集中营幸存者维克多·法兰克的经验,这位知名的心理学者以自己的切身经历描述了许多因犯面对"不可能"的时刻。在集中营里，守卫在关押犯人时，就告知他们终生都别想再见天日，对此说深信不疑的人不久就会死亡。而在未遭处决的囚犯中，不理会卫兵的言语，深信一切都会过去的人，都活了下来。

凡事认为"不可能"的人绝不会获得力量，而获得力量的人也绝不会觉得无助而沮丧。"不可能"的想法自然是获得力量的阻碍，因此也阻挠你的成功。

 习性点拨

> 有"不可能"的想法是可悲的，它使人们不敢挑战现存的固有的东西，形成思维定式，结果只能是消极无为。

你有力量改变自己

有这样一个小故事：

桃乐丝、狮子、机器人、稻草人沿着青砖道前往翡翠城找寻奥芝大法师，希望从他那里获得解决难题和达成愿望所需要的勇气、决心和智慧。

奥芝大法师只告诉他们一个简单的法则："达成所欲目标的力量，其实就在自己身上。"意思就是说，每个人本身都有力量来解决难题，法师是帮不了什么忙的。这就是能为自己开启新生命的奥芝法则。

成功的力量就潜藏在人们自己身体里，寻求法师的帮助是徒劳无功的。神奇的奥芝法则告诉我们一个朴素的道理，那就是：在充满挫折的人生道路上，唯一能拯救我们走出困境的只能是我们自己。

在现实生活中，多数人之所以把自己的生活弄得一团糟，而没有获得成功，或是在身处逆境时，不主动、积极发掘自身潜能，而是依赖他人。这是因为他们没有把自己内在的力量凝聚起来，他们甚至对自己是谁，是什么样的人缺少认识。

记住："一个人最可恶的敌人是他自己"。每个人都有惰性，有些人虽然有目标和理想，而且也热情工作，但是最终仍然失败了；有些人虽然希望做些有创造性的事，偏偏无法取得成功。为什么？问题就出在他自己身上。

事实上，这个世界上我们最难了解的人就是我们自己。特别是在遭遇困难时，我们不愿主动去思考，依靠自身的力量解决问题，却盼望着有"贵人"相助，殊不知，我们每个人都是自己的"贵人"，但是我们总是躲避自己，而不愿意认识真正的自我，或是自我怀疑，不相信自身的力量，不相信自己有能力战胜困难。但兰地·瓦特斯却以他自身的经历向我们再一次证明了这样一个道理：只要发掘自身的力量，世界上的最大救星就是我们自己。

兰地上中学时，有一次放学回家帮助开食品店的父母照料食品店。当他开动绞肉机时，没想到一条手臂被绞肉机从整个袖子以下全绞了进去。从那以后，兰地觉得自己快倒下去了，觉得自己快要死了。他对生活逐渐失去了信心。

但是，在一个偶然的机会，他遇见了佐治亚叶——一所中学的足球教练。

这位教练对他说："这个世界上没有什么真正能够打垮你，除非你自己！"并且，这个教练给了他一个机会，让他玩足球。

接下来的故事就是：兰地以一只胳膊及一只手——当然还加上一种绝对积极乐观的态度，去挑战生命中的一个个难题。他对自己失去的并不沮丧，他专注于他所拥有的，并依靠自身的力量，将它发挥到极致。这种态度使兰地成为一个成功的人，而它同样也可以使你获胜。

人性的最大弱点之一，便是依赖他人给自己以勇气和智慧，而不知道去从自己身上挖掘这些"宝藏"。在生活中，如果你也像桃乐丝、狮子那样，只顾去寻找奥芝法师，希望从他那里得到帮助，而不懂得依靠自身的力量来解决难题，那么，你就很难获得成功。

学者们曾通过他们所做的一项历时几十年的研究，得出了这样的结论：为什么智力相似、成绩相近的学生，几十年后的成就有天壤之别呢？其原因不在于智力的差异，而在于其人格特征上的不同——有没有信心。

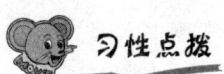 习性点拨

> 成功没有捷径。当一个人遇到难题，如果没有信心去突破它的瓶颈，而一味懊恼、颓废，则注定要失败。

克服懒惰，建立自信

改变消极心态

生活中，为了避免消极的思想误导自己，最好的方法莫过于以积极性的心态灌注于潜意识中，并努力培养积极的想法，如此你无异是在向你的潜意识灌输自信，而不久之后，你的潜意识也开始用自信去指挥你的行动。

要想使潜意识变得积极起来，其最佳方法便是摒除存在你思想或言谈间的消极想法。例如，每当你意识到消极想法存在时，就应该对即将要做的那件事表示积极肯定的主张，你可以换成这样积极的想法："事情将有顺利的结果"、"能够胜任工作"、"不会招致失败"、"会准时到达"等。这种把积极想法说出来的做法，具有相当于在内心中呼应的积极力量，因此它能使你感到一切都将顺利地进行。

那么，我们身上消极的标签是怎样来的呢？

一种来自他人。当你还是小孩时，你周围的人给你贴了一些标签，你一直戴到今天。另一种来自你自己，由于害怕艰难痛苦的改变而给自己贴了一些标签。

相比之下，第一种标签较为普遍。就拿小艾玛说吧，她上小学二年级，每天都去上美术课，很喜欢画画。可是，她的老师告诉她，她画得并不好。听了这句否定的话，小艾玛挺不高兴，从此就再也不去上美术课了。没多久，她便开始进行一种自我描述了："我美术不行。"由于她一直回避美术，她便更加相信"我美术不行"这一观点。等她长大后，有人问她为什么不画画，她便答道："唉，我美术不行，一直就是这样。"由此可见，自我描述词语大都是你过去经历的产物。

第二种是你为了避免进行令人讨厌的活动给自己贴的标签。

有一位38岁的中年人，名叫霍勒斯。他非常想上大学读书，因为第二次世界大战使他错过了机会。但是，霍勒斯害怕竞争不过刚从高中毕业的年轻人。由于害怕失败，怀疑自己的能力，他总是忧心忡忡。他经常查看大学招生简章，后来在心理咨询医师的帮助下，终于参加大学入学考试，并定好时间，于某日在当地一所大学进行口试。可是，他仍然用"我怎么怎么"来回避考试现实。他的借口是："我年纪太大了，脑子没那么灵光，其实我对上大学也没有多大兴趣。"不难看出，霍勒斯在用自我描述词语回避他想干的事情。

这些例子中的人都在描述自己。他们在说："我在这方面比别人差，永远也不会再变好了。"如果你真的一无是处，那么你就不能继续成长发展，尽管你可能愿意保留一些积极的自我描述词语，但你或许会发现一些其他词语是带有自我限制性和自我挫败性的。如果你有这些标签，现在就应该撕掉它们，挣脱过去的束缚，并消除所有使你固守现状、不求进取的思想，挣脱旧的自我，创造一个新的自我。

 习性点拨

> 检查一下自己身上是不是也贴有消极的标签，如果有，一定要勇敢地撕掉。当你充满信心地面对人生时，生活将会带给你成功的喜悦。

信念推动你挑战自我

在心理学上，信念指的是一个人对于自己生活中所遵循的原则和理想的深刻而稳固的信仰。在生活中，信念就像指南针和地图，指引出我们要去的目标。一个没有信念的人，就好像缺少马达和航舵的小汽艇，无法前进一步。因此，人生必须要有信念来引导。信念会帮助我们认准目标，鼓舞我们去追求，创造出理想的人生。

金蒙特18岁时就是全美国最受喜爱、最有名气的年轻滑雪运动员，她的照片被用作《体育画报》杂志的封面。

金蒙特充满信心，积极地为参加奥运会预选赛做准备，大家都认为她一定能成功。她当时的生活目标就是得奥运会金牌。然而，1955年1月，一场悲剧使她的愿望成了泡影。在奥运会预选赛最后一轮比赛中，金蒙特沿着大雪覆盖的罗斯特利山坡开始下滑，没料到，这天的雪道特别滑，刚

过几秒钟，便发生了一次意想不到的事故。她先是身子一歪，而后就失去了控制，像一匹脱缰的野马，直往下冲。她竭力挣扎着想摆正姿势，可无济于事，一个个的筋斗把她无情地推下山坡。

当她停下来时已昏迷了过去。人们立即把她送往医院抢救，虽然最终保住了性命，但她双肩以下的身体却永久性瘫痪了。金蒙特认识到活着的人只有两种选择：要么奋发向上，要么灰心丧气。她选择了奋发向上，因为她对自己的能力仍然坚信不疑。她千方百计使自己从失望的痛苦中摆脱出来，去从事一项有益于公众的事业，以建立自己新的生活。几年来，她整日和医院、手术室、理疗和轮椅打交道，病情时好时坏，但她从未放弃过对有意义的生活的不断追求。

在克服种种困难后，她学会了写字、打字、操纵轮椅、用特制汤勺进食。她在加州大学洛杉矶分校选听了几门课程，想有朝一日当一名教师。

金蒙特想当教师的想法，对很多人来说都有点不可思议，因为她既不会走路，又没在师范接受过教育。她向教育学院提出申请后，系主任、保健医生都认为她不适宜当教师。录用教师的标准之一是要能上下楼梯走到教室，可她做不到。此时，金蒙特的信念就是要成为一名教师，任何困难都不能动摇她的决心。

几经努力后，她终于被华盛顿大学教育学院聘用。由于教学有方，她很快受到了学生们的尊敬和爱戴。她教那些对学习不感兴趣、上课心不在焉的学生也很有办法。她向青年教师传授经验说："这些学生也有感兴趣的东西，只不过和大多数人的不一样罢了。"

金蒙特终于获得了教授阅读课的聘任书。她酷爱自己的工作，学生们也喜欢她。后来，她父亲去世了，全家不得不搬到曾拒绝她当教师的加利福尼亚州去。她向洛杉矶学校官员提出申请，可他们听说她是个"瘫子"就一口回绝了。金蒙特不是一个轻易就放弃努力的人，她决定向洛杉矶地区的90个教育区逐一申请。在申请到第18所学校时，已有3所学校表示愿意聘用她。学校对她要走的一些坡道进行了改造，以适于她的轮椅通行，这样，从家里坐轮椅到学校教书就不成问题了。另外，学校还破除了教师一定要站起授课的规定。

从此以后，她一直从事教师职业。很多年过去了，金蒙特从未得过奥运会的金牌，但她的确得了一块金牌，那是为了表彰她的教学成绩而授予她的。

　　到底是什么使金蒙特能坚持不懈地全心投入自己的事业呢？是信念的力量！要取得成功，除了有坚强的意志，还需要有强烈的信念。信念是一种巨大的动力，它可以推动你去做别人认为不可能成功的事情。

习性点拨

> 　　信念是任何人都可以免费获得的，相信自己，相信信念，信念能让人产生奇迹。

自信者才能获得上天的青睐

　　自信就是自己信得过自己，自己看得起自己。因此，一位成功学家说："保持信心就如同争取高贵的名誉一样重要，信心是你走向成功最有力的保障。"确立自信心，就是要正确评价自己，发现自己的长处，肯定自己的能力，并以一种高昂的斗志、充沛的精力，去迎接生活和工作中的挑战。

　　一位成功学家曾说："你的成就大小，往往不会超出你自信心的大小。假如你对自己的能力没有足够的自信，你也不能成就重大的事业，不期待成功而能取得成功的先决条件，就是自信。"

　　大发明家爱迪生曾经尝试用 1200 种不同的材料做白炽灯泡的灯丝，都没有成功。有人批评他："你已经失败了 1200 次了。"可是爱迪生不这么认为，他充满自信地说："我的成功就在于发现了 1200 种材料不适合做灯丝。"

　　在工作中，如果每一位员工遇事都能采用这种积极的思维方式，就不会有烦恼，也不会有自卑感。人的自卑感的存在和产生，并不是由于自己在能力或知识上不如人，而是由于自己不如人的心态和感觉。而之所以会产生不如人的心态和感觉，是因为有些人常常不用自己的"尺度"来判断和评价自己，而喜欢用别人的"标准"来衡量自己。换句话说，就是喜欢

克服懒惰，建立自信

拿自己与他人相比较，尤其喜欢拿别人的优点、长处与自己的缺点、短处相比较。原本这些不一样的东西，是不能进行比较的，你越比较，就越自卑。如此一来，就越发对自己没有信心了。

明白这些简单、明显的道理后，只要你相信它，接受它，你遇事就会掌握正确的思维方式，保持良好的心态，摒弃自卑，找回自信。

你自信能够成功。成功的可能性就大为增加。你如果自己心里认定会失败，就永远不会成功。没有自信，没有目标，你就会失去主见，一事无成。

自信是激励自己奋发进取的一种心理素质，缺乏自信常常是性格软弱和事业不能成功的主要原因。其实，工作和生活中的任何困难都是暂时的，只要充分相信自己，并不懈努力，就有成功的那一天；而丧失自信心，不仅会带来失败，还常常会酿成人间悲剧。

有一次，松下电器公司招聘一批基层管理人员，采取笔试与面试相结合的方法。经过了笔试与面试之后，选出了10位佼佼者。松下发现有一位成绩特别出色，面试时给他留下深刻印象的年轻人却未在这10人之列。

于是，松下当即叫人复查考试情况。结果发现该人的综合成绩名列第二，只因电脑故障，导致落选，于是立即给他补发了录用通知书。通知书送到时，那位落选者已经因没有被录取而跳楼自杀了。

一位助手在松下身旁自言自语道："多可惜，这么一位有才华的青年，我们却没有录取他。"

"不，"松下摇摇头说，"幸亏我们公司没有录用他，没有自信心的人是干不成大事的。"

 习性点拨

> 无数事例证明：一些卓越的人物在成功之前，都具有强烈的自信心，他们充分相信自己的能力，深信自己必然能够成功。

自信和激情让自己蜕变

在中国，提到吴士宏的名字，没有几个人不伸出大拇指说"真棒!"的。而吴士宏之所以从一个医院的普通护士，再到 IBM 的勤杂工，由勤杂工到白领，再到 IBM 中国公司的精英，再到微软中国总经理，再到 TCL 信息产业集团总裁，吴士宏的每一次蜕变，都源自于自信!

当然，在未完成蜕变以前，吴士宏也像普通人一样，有着深深的自卑感，但幸运的是，她能战胜自卑，而每完成一次蜕变，都是她战胜自卑的结果。

吴士宏初进职场的第一份工作是椿树医院的一名护士，这与她的梦想有着天壤之别。就在吴士宏失意和彷徨时，一场大病又让她在医院躺了 4 年。等她病好出院时，文凭又成了获取任何一项工作不可或缺的敲门砖，而她由于治病，没有时间也没有钱去上大学。此时，自卑就像一张网，把她紧紧地网住，使她喘不过气来，她心里的"大我"和"小我"便开始争执起来。"小我"说："你不行，你走到哪儿都会遭人笑话，因为你没有文凭，没有技能。"但"大我"说："我不甘沉沦，我可以改变命运!"最终，吴士宏心里的"大我"战胜了"小我"，她开始变得坚强起来，她要用自信做"火种"，将生命中原本属于她的所有奇迹都激发出来。

吴士宏通过自考，获取了英语大专文凭，并以此为敲门砖，成为 IBM 的一名勤杂工。但无论怎么努力工作，吴士宏都没有得到别人的认可，因为她是"蓝领"，而不是公司的精英。为了再一次改变命运，吴士宏鼓足勇气来到上司的办公室，可当上司微笑着问她有什么事情时，吴士宏却不敢抬头，自卑与自信正在她心里纠缠着。最终，自信战胜了自卑，她告诉上司她内心的想法：她想考试。她想做优秀员工!

上司给了她机会，而吴士宏则抓住了这次机会。几经努力，吴士宏终于通过了考试，成为了"助理工程师"。这时，扎根在吴士宏心里十几年的自卑冰山开始融化，她感受到了自信的力量，意识到了唯有自信才能改变自己的命运，因此更加坚定了对自信的执著和依赖。

于是，吴士宏开始把 IBM 当成自己的家：开始微笑着主动和同事打招呼；胸有成竹地向上司提建议；镇定自如地和客户谈生意……一切的一切，因为有了自信，她竟然做到了比别人预期的还要好。

在自信和激情的驱使下，吴士宏迎来了职业生涯中的一个又一个高潮。

后来，IBM 在中国成立了分公司，个人升迁的障碍也开始消除，吴士宏意识到只要自己再努力一次，从员工到经理这道障碍也是可以逾越的。于是，吴士宏选择了做最具挑战性、最考验一个人是否有自信心的销售工作。5 年的销售员生涯中，她用行动证明了"我能行!" "我能做到!" 不仅如此，吴士宏开始有了事业伙伴，有了客户朋友；她在联欢会上尽情地唱歌，她甚至喜欢成为大众焦点的感觉。这一切都证明：她已具有彻底征服人心的魅力——自信。

1997 年，吴士宏就任 IBM 华南区总经理，尔后是微软（中国）总经理，再到出任大型国有企业 TCL 集团常务董事、副总裁、TCL 信息产业集团总裁。在自信这个灯塔的照耀下，她越发光彩夺目了。甚至有媒体评论说："许多人总是被这个洋溢着自信的女人折服了。"

在自信的培育下，吴士宏完成了自己的蜕变!

"自卑之后，才有升华，而有了自信，可以促使你做更多的事情。"吴士宏如是说。

吴士宏从普通员工到大型国有企业总裁的蜕变，带给了我们这样一个启示：幸运不是天赐的，最能克服困难、征服人心的力量是自信!

 习性点拨

> 作为学生，如果你也像没有蜕变前的吴士宏那样，不做出任何努力。那么，你就要像她一样，用自信和激情去催促自己蜕变。当你在心中种下自信的种子时，总有一天你会收获到成功的果实。

认定目标，持之以恒

很多时候，幸运之神之所以与我们擦肩而过，就因为我们忘记了"坚持"二字，轻率地选择了"放弃"。成功者之所以成功，就是因为他们瞄准了一个点，坚持下去决不放弃。这个点，有时是机会，有时是你的特长，有时是你的灵感。如果你有一颗不屈的心，并坚持下去，就一定能踏上成功之路。记住英国前首相丘吉尔生前最经典的那句演讲词吧："永不，永不，永不放弃！"

在不幸面前决不放弃

一位名人曾说："伟大、高贵人物最明显的标志，就是他坚忍的意志，不管环境如何恶劣，他的初衷与希望不会有丝毫的改变，最终克服阻力达到所期望的目的。"事实的确如此，生活中的那些成功人士，无不是在遭遇挫折、不幸时不放弃，坚持到底的人。

一天，在寂静的斯德哥尔摩市郊，突然爆发出一连串震耳欲聋的巨响，滚滚的浓烟霎时直冲云霄，一股股火苗直往上蹿。刹那间，一场惨祸发生了。

当惊恐的人们赶到出事现场时，只见原来屹立在这里的一座工厂已荡然无存，无情的大火吞没了一切。火场旁边，站着一位30多岁的年轻人，突如其来的灾难和过度的刺激，已使他面无人色，浑身不住地颤抖着——这个大难不死的青年，就是后来闻名于世的大化学家诺贝尔。

诺贝尔眼睁睁地看着自己所创建的硝化甘油炸药的实验工厂化为灰烬。

人们从瓦砾中找出了 5 具尸体，其中一个是他正在大学读书的活泼可爱的小弟弟，另外 4 人也是和他朝夕相处的亲密助手。5 具烧得焦烂的尸体，令人惨不忍睹。

诺贝尔的母亲得知小儿子惨死的噩耗，悲痛欲绝；年老的父亲因太受刺激引起脑溢血，从此半身瘫痪。然而，诺贝尔在失败和巨大的痛苦面前却没有动摇。

惨案发生后不久，警察当局就封锁了出事现场，并严禁诺贝尔恢复自己的工厂。人们像躲避瘟神一样避开他，再也没有人愿意出租土地让他进行如此危险的实验。

这一连串的挫折并没有使诺贝尔退缩，几天以后，人们发现，在远离市区的马拉仑湖上，出现了一艘巨大的平底驳船，驳船上并没有什么货物，而是摆满了各种设备，一个青年人正全神贯注地进行一项神秘的试验。他就是在大爆炸后被当地居民赶走了的诺贝尔！

热情和勇气往往会令死神也望而却步。在令人心惊胆战的实验中，诺贝尔没有连同他的驳船一起葬身鱼腹，而是经过多次试验，他发明了雷管。雷管的发明是爆炸学上的一项重大突破。随着当时许多欧洲国家工业化进程的加快，修铁路、开矿山、凿隧道等都需要炸药。于是，人们又开始亲近诺贝尔了。他把实验室从船上搬迁到斯德哥尔摩附近的温尔维特，正式建立了第一座硝化甘油工厂。接着，他又在德国的汉堡等地建立了炸药公司。

一时间，诺贝尔生产的炸药成了抢手货，源源不断的订货单从世界各地纷至沓来，诺贝尔的财富与日俱增。

然而，获得成功的诺贝尔并没有摆脱挫折。不幸的消息接不断地传来：在旧金山，运载炸药的火车因震荡发生爆炸，火车被炸得七零八落；德国一家著名工厂因搬运硝化甘油时发生碰撞而爆炸，整个工厂和附近的民房变成了一片废墟；在巴拿马，一艘满载着硝化甘油的轮船，在大西洋的航行途中，因颠簸引起爆炸，整个轮船全部葬身大海……

一连串骇人听闻的消息，再次使人们对诺贝尔望而生畏，甚至简直把他当成瘟神和灾星，如果说前次灾难还是小范围的话，那么这一次他所遭受的已经是世界性的诅咒和驱逐了。

诺贝尔又一次被人们抛弃了，不，应该说是全世界的人都把自己应该承担的那份压力给了他一个人。面对接踵而至的灾难和困境，诺贝尔没有被吓倒。没有被压垮，更没有一蹶不振，他身上所具有的热情和毅力，使他对已选定的目标义无反顾。他甚至已习惯了与死神朝夕相伴，并且以大无畏的勇气和热情最终激发了他心中的潜能，他最终征服了炸药，吓退了死神。诺贝尔把挫折踩在了脚下，取得了巨大的成功。

安东尼·罗宾说："不管你所处的环境是多么恶劣，担子有多么沉重，你绝对有能力扭转。所做过的美梦终必有成功的一日。然而要如何才能实现呢？就在你看完些文字时，你一定要了解不放弃、坚持的意义。坚持可以立即改变你人生中的任何层面，就看你是否有决心在不幸中坚持下去。

习性点拨

> 无论你遭遇怎样的不幸，只要你能够坚持，生活就会给予你丰厚的回报。

成功需要以坚定的决心

当自己决心办一件事情时，要坚决办到底，不可有任何畏缩情绪。办得成功与否，全在于自己努力如何。下面这个寓言故事就说明了这个道理。

青蛙欢欢是动物王国的游泳高手，它曾战胜了许多对手，连续三届蝉联游泳冠军。这次青蛙欢欢想再创造一项动物世界的奇迹，即横渡汪洋海（动物国里的最大的海洋）。

这天，青蛙欢欢在动物们为它举行的横渡汪洋海的仪式后，纵身一跃，跳进了大海。在它的身后，是海龟和水蛇医生等组成的救护小组，它们乘坐在一只橡树皮做的小艇上，防备有什么意外，可以对青蛙欢欢进行及时救助。

青蛙欢欢已在海水里游了三天三夜了。当它竭尽全力游近海岸时，嘴唇已冻得发紫，身体在海水里一阵阵寒颤，青蛙欢欢是又累又渴又饿。眼前大雾茫茫，它看不见远方的海岸，雾霭里甚至难以辨认跟随在它身后的小艇。青蛙欢欢感到难以坚持，失却了游到彼岸的信心，便向小艇上的朋友们请求："把我拖上来吧！"

朋友们告诉青蛙欢欢，只有1海里了，并劝它再坚持一下，切不可向失败低头！青蛙欢欢奋力抬起头，浓雾笼罩在它眼前。它看不见近在咫尺的海岸。青蛙欢欢简直怀疑朋友们是在骗它。于是，它再一次向朋友们请求："把我拖上来吧！"

朋友们不得不十分惋惜地把青蛙欢欢拖上小艇。

几天后，青蛙欢欢告诉《动物王国早报》最权威的记者鼠小弟：如果当时它能看到海岸，它一定能游到终点。是那浓浓的雾霭，削弱了它夺取最后胜利的决心。

半年后，青蛙欢欢再一次向汪洋海海岸发起了冲击。这次，青蛙欢欢坚持着奋力向浓雾中的海岸游去。因为它知道，陆地就在自己前面，坚持下去，就一定能游到海岸，胜利终将属于自己。

很多时候，幸运之神之所以与我们擦肩而过，就因为我们忘记了"坚持"二字，轻率地选择了"放弃"。

有位年轻人曾经说："我要写出一篇可以产生轰动效应的小说来。"当时他的确有一股火热的激情，一气便写了3万多字，并颇为自信地拿给朋友看，朋友觉得他的文学感受很好，语言技巧也不错。但故事构架平平淡淡，落入俗套，情节也有些不伦不类，不但不能产生轰动效应，一般的杂志甚至都难以接受。但朋友仍满怀热情鼓励他，希望他打破现有构架，重新设计故事中的某些细节。他却好似泄了气的皮球彻底瘪了，不想重新构思。后来，他把这篇小说投了两家杂志均被退回。从此他对写小说不再有强烈的兴趣，自信心也消失了。自那退稿以后，虽然也有过几次冲动，也开过几篇小说的头，但至今没有结果。后来他便放弃了文学之路。

这位年轻人以他的文学基础及他的创造条件而论，他完全有才能在文学创作上取得成就，但可悲之处在于他只有梦想，却缺乏耐性，缺乏坚忍的意志，从而导致松懈情绪窒息了他的创造才能。

我们应该懂得，要成功，光有梦想是不够的，还必须拥有一定要成功的决心，配合确切的行动，坚持到底，方能成功。

只有下定一个决心，历经学习、奋斗、成长这些不断的行动，才有资格摘下成功的甜美果实。

　　而大多数的人，在开始时都拥有很远大的梦想，如同故事中那位文学青年，遭受打击后便畏缩不前。于是，缺乏决心与实际行动的梦想开始萎缩，种种消极与不可能的思想衍生，甚至于就此不敢再存任何梦想，过着随遇而安的平庸生活。

　　这也是为何成功者总是占少数的原因。我们必须明白，要想让梦想成为现实，就得付出坚强的心力和耐性，并且在失败面前要有"再努力一次"的决心和毅力。唯有如此，成功才会有可能青睐你。法国科幻小说家凡尔纳就是因为在失败面前没有放弃"坚持"二字才取得成功的。

　　凡尔纳一直渴望自己能成为一位伟大的科幻小说家，但他的稿子每投向一家出版社却被无情地退回。

　　1863 年冬天的一个上午，凡尔纳刚吃过早饭，正准备到邮局去，突然听到一阵敲门声。凡尔纳开门一看，原来是一个邮政工人。工人把一包鼓囊囊的邮件递到了凡尔纳的手里。一看到这样的邮件，凡尔纳就感到不妙。自从他几个月前把他的第一部科幻小说《乘气球五周记》寄到各出版社后，收到这样的邮件已经是第 14 次了。他怀着忐忑不安的心情拆开一看，上面写道："凡尔纳先生：尊稿经我们审读后，不拟刊用，特此奉还。某某出版社。"每看到这样一封封退稿信，凡尔纳都是心里一阵绞痛。这次是第 15 次了，还是未被采用。

　　凡尔纳此时已深知，那些出版社的"老爷"们是如何看不起无名作者。他愤怒地发誓，从此再也不写了。他拿起手稿向壁炉走去，准备把这些稿子付之一炬。凡尔纳的妻子赶过来，一把抢过手稿紧紧抱在胸前。此时的凡尔纳余怒未息，说什么也要把稿子烧掉。他妻子急中生智，以满怀关切的感情安慰丈夫："亲爱的，不要灰心，再试一次吧，也许这次能交上好运的。"听了这句话以后，凡尔纳抢夺手稿的手，慢慢放下了。他沉默了好一会儿，然后接受了妻子的劝告，又抱起这一大包手稿到第 16 家出版社去碰运气。

　　这一次没有落空，读完手稿后，这家出版社立即决定了出版此书。并与凡尔纳签定了 20 年的出书合同。

　　没有他妻子的劝导，没有"再努力一次"的勇气，我们也许根本无法读到凡尔纳笔下那些脍炙人口的科幻故事，人类就会失去一份极其珍贵的精神财富。

 习性点拨

成功需要以坚定的决心作为底线，懂得这个道理，你将受益终生。

只要坚持，就有回报

爱因斯坦曾说："由百折不挠的信念所支持的人的意志，比那些似乎是无敌的物质力量有更强大的威力。只有坚持，你的付出才会有回报。"

世界上的事情就是这样，成功需要坚持。裁判员并不以运动员起跑时的速度来判定他的成绩和名次，你要取得冠军荣誉，必须坚持到底，冲刺到最后一瞬。如果有丝毫之松懈，你就会前功尽弃。

要想成就一件事业，就得付出坚强的心力和耐性，并且在失败面前要有"再努力一次"的决心和毅力。唯有如此，成功才会有可能青睐你。

朱斌是北京后海一家酒吧的调酒师。朱斌在工作之余，自己调制了一种他认为会受顾客欢迎的酒，并将其命名为"月之韵"，但他调制的这种酒没有得到主管的认可，而且主管还警告他："收起你那点小聪明吧，如果你私自调的这种酒坏了顾客的口味，使酒吧在客人心目中的信誉降低的话，你可是负不起责任的。"

但是，朱斌并没有因此而让步，他甚至公开地向老顾客推销这种酒，顾客的反应一如他预期的那样好。朱斌更坚定了自己的信念，即使主管要辞掉自己，他也不会放弃调制成功的"月之韵"。

于是，在一次例行检查时，主管发现朱斌正在为一位客人调制"月之韵"，便怒气冲冲地说："年轻人，这不是你自己家里的吧台，更不是你做试验的场所，如果你要坚持，就回自己家里去呆着吧。"

"月之韵受到了顾客们的欢迎，这就证明了它是成功的，而这，也是我

坚持的理由。如果你认为我的坚持违背了你个人的意愿，我可以辞职不在这家酒吧干，但我绝不会放弃'月之韵'的配方。"朱斌坚持道。

"好吧，你会为你的坚持、你的执著付出代价的！"主管刚说完，销售处的小李就悄悄地给他递上了一张纸条，上面写道："'月之韵'创造了我们酒吧月销售量的最高纪录，后面是附录的每日销售额。"主管看了那一组组数字后，怔住了，他没再说什么，当然他也没有让朱斌走人。

2个月后，酒吧经理亲自来到酒吧，他非常感谢朱斌没有服从酒吧的制度——不准私自调制新品牌的酒，从而使酒吧的利益得到了更大的提高。"月之韵"也成了该酒吧最为畅销的酒，朱斌也获得了他应得到的荣誉和奖励。

事实上，当你确信自己的行为是正确的时候，就一定要坚持下去，因为这种坚持是有价值的，不是无谓的执著。

然而，生活中还是有很多人在刚进入社会的初期，充满了奋斗的热情，保持了旺盛的斗志，在这个阶段，他们与那些优秀的人的差别不大。但是，往往到了最后那一刻，顽强者与懈怠者便显示出了不同，前者能克服困难，冲破阻挠坚持到最后，而后者一遇挫折便丧失信心，放弃了所有的努力，于是便有了不同的人生结局。

 习性点拨

> 如果你能够像朱斌一样坚持，相信你也能像他一样取得成功。

坚持下去就是胜利

"坚持就是胜利"，做什么事，都不能轻易放弃。轻易放弃，不仅让你的精力投入付诸东流，也对你今后的成长带来不利影响。也许你有了问题，特别是难以解决的问题，让你烦恼万分，你就想立即放弃。

这时候，有一个基本原则可用，而且永远适用。这个原则非常简单：不轻易放弃。因为放弃很可能导致彻底的失败，而且不只是手头的问题没解决，还容易导致人格的最后失败，因为放弃会使人产生一种失败的心理。

如果你使用的方法不能奏效，那就改用另一种方法来解决问题。如果新的方法仍然行不通，那么再换另外一种方法，直到你找到解决眼前问题的方法为止。任何问题总有一定的解决方法，只要继续不断地、用心地循着正道去寻找，你终会找到这种方法。

鲁克斯就是因为不放弃而获取事业成功的。几年以前，他研究出一种供活动房屋使用的预制墙壁系统。他组建了一家公司，把他所有的钱都投资进去，但是这种墙壁却不够坚固，一经移动就垮了。公司遭遇到一连串的困难，鲁克斯的合伙人要求他卖掉公司，但是他不肯放弃。

他是有积极想法的人，具有牢不可破的信心，也可以说他有打不倒的性格。他认为这一类的困难打不垮他，他说："我压根儿就没想到'放弃'这两个字。"因此，他用心做合理的、深入的思考，终于想出了办法。他决定设计出一套预制板系统，来配合他的预制墙壁系统。最后他终于成功了，一家制造活动房子的大公司买下了他的设计。

在生活或是工作中，每一个问题出现的时候，如果立即加以处理，你就不会再充满挫败和失望了。每一项挑战出现时，若奋起迎接，你就会获得很多的成果，你必会有所创造。

很多人都知道海耶士·钟士的事迹。他是 1960 年跨栏比赛的风云人物，他赢得一场又一场的比赛，打破了许多纪录，轰动一时。

他顺理成章地被选为参加当年在罗马举行的奥运会的选手，参加 110 米跨栏比赛，全世界都认为他能赢得金牌。但是，出乎意料，他并没有得到金牌，只跑了个第三名，这当然是个极大的挫折。他的第一个想法是："怎么办呢？我或许该放弃比赛。"要再过 4 年才会有奥运会，而且他已经赢得所有其他比赛的跨栏冠军，何必再受 4 年更艰苦的训练？看来唯一合理的出路是退出比赛，开始在事业上寻求发展。

这当然非常合乎逻辑，但是海耶士·钟士却不能安于这种想法。他不想放弃自己一生追求的东西。因此他又开始了训练，一天 3 小时，一个星期 7 天。在以后几年里，他又在 60 米和 70 米跨栏项目上创造了一些新纪录。

1964 年 2 月 22 日，在纽约麦迪逊广场花园，钟士参加 60 米跨栏赛。赛前他曾经宣布这是他最后一次参加室内比赛。大家的情绪都很紧张，每个人的眼睛都看着他。他赢了，平了自己以前所创的最高纪录。钟士跑完，走回跑道上，低头站了一会儿，答谢观众的欢呼。然后 1.7 万名观众都起立致敬，钟士感动得流下泪来，很多观众也流下眼泪来。一个曾经失败的人仍然继续坚持下去。他不放弃，因而爱他的人们就爱他这一点。

钟士参加了 1964 年东京奥运会，在 110 米栏赛中跑出 13.6 秒的成绩，得了第一名，他终于赢得了金牌。

后来他在一家航空公司工作，担任业务代表。他自愿协助推广所在城市的体能训练计划，他终于获得了极了不起的成果。

习性点拨

> 歌德说过："不苟且地坚持下去，严厉地驱策自己继续下去。就是我们之中最微小的人这样去做，也很少不会达到目标。"记住这句话吧，它能使你受益终生。

最后的胜利者

如果你有 99% 想要成功的欲望，却有 1% 想要放弃的念头，这样也只能与成功无缘。有时，成功与失败之间的区别也就仅仅在于是否能够坚持到底。

一位年轻人毕业后，应聘到一个海上油田钻井队。在海上工作的第一天，带班的班长要求他在限定的时间内登上几十米高的钻井架，把一个包装好的漂亮盒子送到最顶层的主管那里。年轻人尽管不解其意，但他还是拿着盒子快步登上了高高的狭窄的舷梯，气喘吁吁、满头大汗地登上顶层，把盒子交给主管。主管却只在上面签下自己的名字，就让他送回去。他又快跑下舷梯，把盒子交给班长，班长也同样在上面签下自己的名字，让他再送给主管。

他看了看班长，犹豫了许久，又转身登上舷梯。当他第二次登上顶层把盒子交给主管时，已累得浑身是汗、两腿发颤。然而主管却和上次一样，在盒子上签下自己的名字，让他把盒子再送回去。年轻人擦了擦脸上的汗水，转身走向舷梯，把盒子送下来，班长签完字，让他再送上去。

这时他有些愤怒了，他看看班长平静的脸，尽力控制着自己的情绪，又拿起盒子艰难地一个台阶一个台阶地往上爬。当他上到最顶层时，浑身上下都湿透了，他第三次把盒子递给主管，主管看着他，傲慢地说："把盒子打开。"他撕开外面的包装纸，打开盒子，里面是两个玻璃杯，一罐咖啡，一罐咖啡伴侣。他愤怒地抬起头，双眼喷着怒火，射向主管。

主管好像根本就没看见他的表情，只是冰冷地对他说："把咖啡冲上！"

年轻人再也忍不住了，"叭"的一声把盒子摔在地上："我不干了！"说完，他看看摔在地上的盒子，感到心里痛快了许多，刚才的愤怒全都释放了出来。

这时，那位傲慢的主管站起身来，直视他说："年轻人，刚才让你做的这些，叫做承受极限训练，因为我们在海上作业，随时会遇到危险，这就要求队员身上一定要有极强的承受能力，只有承受各种危险的考验，才能完成海上作业任务。可惜，前面三次你都通过了，只差最后一点点，你没有喝到自己冲的甜咖啡。现在，你可以走了。"

 习性点拨

> 许多失败者的悲剧，就在于被眼前的障碍所吓倒，他们不懂得坚持一下，不懂得排除障碍，就会走出逆境，结果在成功到来之前的那一刻，自己打败了自己，也就失去了应有的荣誉，失去了成功的机会。

瞄准一个点，然后坚持

曾在《动物世界》里看到这样一个镜头：

沙漠里，炙热的阳光下，一条蛇在呈"之"字形前进，这样可以减少皮肤长时间与沙子接触。气温越来越高，这条蛇躲进沙子里，在沙子的覆盖下，它的身体可以避免阳光的直接照射，而且它还可以伺机捕获猎物。

因此，蛇是能在沙漠里顽强生存下来的为数不多的生物之一。

但是，在这块几乎能使所有生命死亡的沙漠之中。还有一种类似于麻雀大小的鸟，它的生命力比蛇更顽强，因为鸟儿要到沙地上找食物，所以也不可避免地成了蛇的猎物。鸟儿的命运似乎很可悲，它不但要面对恶劣的自然环境，还要对付躲在沙子底下的蛇的袭击，如果它要生存下去，就必须战胜这一切。

美国生物学家克林莱斯有幸拍到了一组这样的精彩镜头：

当一只鸟儿扑扇着翅膀刚刚停在沙地上准备找食物之时。潜伏在沙子里的蛇猛地张开大口蹿了出来。眼看鸟儿就要成为蛇的果腹之物，可是，顷刻间鸟儿便从劣势转为优势。

克林莱斯惊奇地发现，鸟儿在用自己的爪子一下又一下地拍击着蛇的头部，尽管鸟儿的力量非常有限，它的爪子对蛇的拍击似乎构不成什么威胁，并且蛇依然对鸟儿穷追不舍，但鸟儿并没有停止拍击。鸟儿一边躲闪着蛇的血盆大口，一边用爪子拍击着蛇的头部，其准确程度分毫不差。

就在鸟儿拍击了一千多下时，蛇终于无力地瘫软在沙地上，再也爬不起来了。蛇口脱险的鸟儿停在沙地上从容地吃了一些甲虫类的食物后，才扑扇着翅膀慢慢地飞走了。

毫无疑问，鸟儿和蛇的力量对比是悬殊的，生物学家唯一能得到的答案就是：鸟儿在经过长期的经验积累后，终于掌握了一套对付蛇的办法，那就是瞄准一个点——蛇的头部，并持之以恒地用爪子拍击。鸟儿以自己坚忍不拔的抵抗方式，在这次力量对比悬殊的较量中赢得了最后的胜利。

在现代社会里，我们人类生存、发展的环境要比沙漠中的小鸟优越得多，但为什么总是遭遇一次又一次的失败呢？这是因为我们没有瞄准一个点，而是东打一榔头，西打一棒子，这样又怎么能成就一番事业呢？

 习性点拨

成功者之所以成功，就是因为他们瞄准了一个点，坚持下去决不放弃。这个点，有时是机会，有时是你的特长，有时是你的灵感。如果你有一颗不屈的心，并坚持下去，就一定能踏上成功之路。

认定目标，持之以恒

在别人放弃时再坚持一秒

很多时候，成功都是在最后一刻才蹒跚到来。因此，做任何事情我们都不应半途而废，哪怕前行的道路再苦再难，也要坚持下去，这样才不会在自己的人生里留下太多的遗憾。下面这个故事说的就是这个道理。

曾经，有两个探险者迷失在茫茫的大戈壁滩上，他们因为长时间缺水，嘴唇裂开了一道道的血口。如果继续缺水，两个人只能活活渴死。一个年长一些的探险者从同伴手中拿过空水壶，郑重地说："我去找水，你在这里等着我。"接着，他又从行囊中拿出一支手枪递给同伴说："这里有 6 颗子弹，每隔两个小时你就放一枪，这样当我找到水后就不会迷失方向，就可以循着枪声找到你，千万要记住了。"看着同伴点了头，他才信心十足地蹒跚而去。

等待是漫长而痛苦的，尤其是对于这个还很年轻的人来说，因为他不知道自己的同伴能否找得到水，也不知道找到水的同伴能否找得到他。时间在悄悄地过去，每鸣放一枪，探险者心中的弦就好像断掉了一根，10 个小时过去了，枪膛里已经仅剩下最后一颗子弹，还是未见到找水的同伴的踪影。

"他一定被风沙淹没了，或者找到水后撇下我一个人走了……"年轻的探险者绝望地想着，数着分，数着秒，焦灼地等待着。口渴和恐惧伴随着绝望潮水般充盈了他的脑海，他似乎嗅到了死亡的气息，感到死神正面目狰狞地向他紧逼而来……

终于，他扣动扳机，将最后一颗子弹射出。只不过，这一次他不是射向天空，而是他自己的脑袋。

结果，当他的同伴带着满满的两大壶水循声赶来的时候，看到的是同伴的尸首。

年纪小的探险者是不幸的，因为他放弃了坚持，同时也就放弃了自己宝贵的生命。

事情往往都是这样：就是在最接近成功的边缘的时候，我们的身体也接近了极限，精神也承受着最后的考验，很多人在这最后的时刻没有坚持住，跌倒在成功的门前，从而让自己的人生变得遗憾重重。

如果你现在现在也正在成功路上攀登，请一定要牢记上面这个小故事给我们的教训。无论做什么事情，越是到最后的时候，遇到的困难可能就越多，这时，就越需要我们坚持下去，否则，你就有可能跌倒在成功的门前。

永不放弃尝试的努力

如果你好好审视历史上那些成大功、立大业的人物，就会发现，他们都有一个共同的特点：不轻易为"拒绝"所打败而退却，不实现他们的理想、目标、心愿，就绝不罢休。华特·迪斯尼为了实现建立"地球上最欢乐之地"的美梦，四处向银行融资，可是被拒绝了300多次。今天，每年有上百万游客享受到前所未有的"迪斯尼欢乐"，这全都出于迪斯尼不言放弃的决心。

事实证明，只要坚持不断地去尝试。凭毅力去追求所企望的目标，最终必然会获得成功。当然，其前提是：从今天起你必须采取行动，哪怕这只是小小的一步。

请记住这句话：上帝并未耽延，只是还在等候时机。因此别忘了，没有失败这回事，如果你的尝试不见效，那就好好从其中学习，以便未来能运用得更有效，最终必然会有成功的一天。

许多失败者的悲剧，就在于被眼前的障碍所吓倒，他们不懂得坚持一下，不懂得排除障碍，就会走出逆境，结果在成功到来之前的那一刻，自己打败了自己，也就失去了应有的荣誉，失去了成功的机会。

成功的另一个秘诀就是永远不放弃尝试的权力。

据说，数学上最深奥的定律需要经过数以千万次的求证。人生也是如此，要获得成功的结果，没有无数次的尝试是不可能得到的。就像数学公式的求证一样，我们要不断地变换方法和角度，即使这种尝试要经过无数次，我们也不能在中途便放弃希望。

人生中经常有许多事不是我们所能控制的，例如你被公司解聘，另一半舍你而去，家中有人生病，亲人不幸过世，政府削减了跟你有关的福利……这一切似乎你都无能为力，只能眼睁睁地看着它发生。

或许你曾试过一些方法，再找一份工作，再结识一位伴侣，再使家人恢复健康，让快乐的时光重现，可是却都未见成效。有些人或许会重新振作起来。力图扭转困境，但当他们一再失败时，往往会失去了再尝试的勇气。为什么会这样呢？是因为我们每个人都想避开痛苦，没有人愿意承担一再失败的打击。

当一个人付出全力去做，结果得到的尽是失望的时候，请问他还有心情去尝试吗？也就是经常受到失望的打击，我们不仅不愿再去尝试，甚至根本不相信还有任何可为之处。但是，生活中那些真正的成功者，在失败面前都能鼓起勇气去尝试。正如发明家爱迪生所说："我才不会沮丧，因为每一次错误的尝试都会把我往前推进一步。"

扭转人生的关键步骤就在于抛弃一切负面、消极的想法，不要怀疑自己什么都不行、是无可救药的了，更不要因为曾经试过好多次不见成效，就认为自己束手无策。

 习性点拨

> 我们有必要记住这样一句话：过去不等于未来，过去你怎么想、怎么做都不重要，重要的是今后你要怎么想、怎么做。

执著能打开成功之门

有这样一个流传了很久的故事：

两个年轻人决定结伴而行，去南山上采灵芝，他们一个叫王五，另一个叫李四。当他们来到南山脚下时，却发现通往南山的唯一道路被一个巨大的栅栏挡着，栅栏上开了一扇小门，但门上挂着一把锁。很显然，是有人特意锁上了这道门的。

李四见门上的锁锈迹斑斑，便说：

"这守门人看来已离开很久了，没有钥匙，开不了门，我们还是回去吧。"

"我想再等等，再另外想想办法。"王五说。

"等也没有什么用，我就先回去了。"说完，李四挎着空篮子，转身独自回家了。

王五等了好几天，仍不见看门人来开门，便用力地捶打着小门，同时大声地喊道："有人吗？请给我开一下门吧。"可是依然没有动静。

王五没有丝毫气馁，他继续捶打着小门，并不时叫喊着。当手掌拍打出了血，嗓子喊哑了时，他就用脚蹬，一下又一下……

终于，守门人来了。"请问，你为什么要锁住这门呢？"王五不解地问。"孩子，这个你就不懂了。灵芝非一般之物，玉帝岂能轻易让人们采到手？如不经过一番磨难，那岂不是所有人都能得到这稀世之宝？虽然很多人都想得到它，可大多数人都像你的同伴一样，被这道小小的门吓住了，从而望而却步，失去了采摘的机会。"

"你知道李四回家了？"

"当然，我就站在不远处。这几天我也一直在观察你，是你的执著感动了我，不然，这道门也不会为你打开的。"守门老人说完，为王五打开了紧锁的门。

幸运之神只青睐那些锲而不舍、执著的追求者。一遇到困难就打退堂鼓的人，是永远也不会戴上幸运花环的。

 习性点拨

> 要谋事时，你一定要有决心、有恒心，要锲而不舍，你的执著才能扫除成功路上的一切障碍。

抓住希望

关于希望，有这样一则故事：古时候，有位将军不慎犯了死罪，被带到皇帝的面前。皇帝知道这位将军忠诚于国家，便决定给他一个可能活命的机会，但前提是必须回答皇帝提出的一个难题。

将军低着头等待着皇帝的问题。

皇帝威严地走到他面前，伸出一只握着的手，说："我的手中有一只蛐蛐，你猜猜看，它是死是活呢？"

聪明的将军看穿了皇帝的心意，脸色苍白地说："尊贵的大王啊，我和蛐蛐的死活都在皇帝的手中呀！"

皇帝听了仰天大笑，张开手，蛐蛐一跳便逃走了。开心的皇帝亲自为将军打开了镣铐，原谅了他的过失。

故事中的蛐蛐就像我们的命运，皇帝正是我们自己。

这只"大手"也叫"希望之手"。

有了"希望"你可以加快你的前进步伐，有了"希望"你可以忍受暂时的苦痛，有了"希望"成功也即将而至。

希望像一盏小小的灯火，让我们在苦难中看到光明和美好的一面——只要放开握着的手，就可以拥有自由跳跃的命运。

希望可以帮助我们在内心产生一种力量；希望让我们相信现在的悲惨和不如意是可以转化的；希望就像在广阔的荒原中看见远处有一丛繁盛的花。

怎样才有希望呢？怎样才能把握希望呢？

首先，要以开放的心态，广阔的胸怀来面对人生。

皇帝的手掌放开了，蛐蛐才得以跳出去；皇帝的心胸放开了，才能包容将军的过失。我们可以用一种坦然的态度去承受人生的悲苦；所有不愉快的事情让它慢慢地在记忆里消失，只当作是一次经验或者一个过程的纪录吧。从此海阔天空，心便更自由了。

其次，我们要学习感悟人生。

生命是如此川流不息，像车轮的滚动一般。而在生命的轮胎上却找不到一个永恒的据点。

生命是如此迅速地转动着，生老病死在转动着，喜怒哀乐也在不停地转动——一切是那么的虚幻不实，过眼刹那即成云烟。为什么还要常常以为悲伤是不会痊愈的呢？

因为世事是无常的，所以没有永远的悲苦，也没有永久的怨恨，因此美好光明的希望便成了可以实现的目标。

只要有一个希望，我们就能够坚定地走下去，不管路途多么遥远，多么坎坷艰辛，也不管上苍要赋予的苦难有多重，生命还要经历多少的残酷考验。

 **习性点拨**

> 紧紧地牵着希望之手，去走人生的每一步路。有了希望的人生，才是美好的人生。任何时候，我们都要抓住希望，决不放弃。

坚持做自己想做的事

在生活中，那些成功人士之所以获得成功，是因为他们能在逆境中坚持做自己想做的事。

艾丽丝是美国夏威夷一家制衣公司设计部门的员工，她们公司一直在生产着传统的夏威夷人喜欢穿的罩袍。这些罩袍只有一种尺码，花色单一，款式陈旧，而且由于是成批生产，制作得极为粗糙，看上去千篇一律，一点也不适合人们在各种场合穿戴。

艾丽丝决定对罩袍进行改进，并且立即把这个想法付诸行动。她想先为自己缝制一件罩袍，并穿在身上，这样将来在公司对罩袍进行改进时就更有说服力了。

于是，她买来了能体现个性特色的印花布，通过精心地裁剪，使罩袍不仅保持原来舒适自然的特点，又能够适合自己的身材尺寸，此外，她还为罩袍精心设计了漂亮的花边。这种特殊的设计，马上引起了房东太太的兴趣，要求艾丽丝为自己照样缝制一件。穿上艾丽丝为她量身定制的传统罩袍，房东太太惊喜异常，她怎么也没有想到，这种司空见惯的传统服装，居然也可以做得如此适合于自己的身材。

当艾丽丝把她想改进公司生产的传统罩袍的想法告诉同事们时，几乎人人都惊讶地连连摇头："难道你不知道在夏威夷各大旅馆、服装店和旅游

· 103 ·

中心陈列着成千上万件罩袍？它们都是传统式样，没有人敢去改进它们啊！"

然而，艾丽丝却不这么想，她决心要试一试。因为，她坚持这样一个准则：只要想做，就立即去做。

艾丽丝把自己的想法告诉了公司经理，立即得到了经理的支持。她便亲自去负责选购布料和为上门的顾客测量尺寸大小，然后将布料交给其他同事去裁剪和缝制。就这样，在这家生产传统罩袍的公司里，开始生产出了一件件漂亮又适合人们身材的新式罩袍，公司的生意开始火红起来。在艾丽丝的努力下，后来公司还把这种独特的服装推销到了美国本土的其他许多城市。

而艾丽丝则凭着"做自己想做的事"的行为准则，赢得了经理的青睐，从一个普通的设计员工被提拔为公司的首席设计师，获得了巨大的成功。

然而，遗憾的是，在生活中，很多人没有艾丽丝那样的勇气去做自己喜欢做的、想做的事，因为担心自己无法胜任，担心失败，担心遭人议论，担心自己的决策是错误的……因此我们经常看到这样的情况：推销员羡慕医生成天呆在办公室里，不用在外面受风吹日晒，而且能拿着高薪；工程师羡慕自己的同事有勇气离开公司，去另立门户，独立创业；公交车司机羡慕出租车司机，有自由的上、下班时间，自由的行车路线，而自己得按时上、下班，每天重复着那条必经的路线，不能少一个站，也不能多一个站……

 习性点拨

> 只要想做，就立即去做！这是一个平凡而伟大的行动准则，它是成为卓越者必备的心理素质之一。假如你现在想做自己喜欢做的事，就应该立即去做，只有去做，才有机会走进成功者的行列。

要尽全力摆脱失落感

生活中，几乎每个人都有失落感。比如晋升不顺利的时候，感情被拒绝的时候，求职无门的时候，考试不顺利的时候，不被领导欣赏的时候……我们有失落感的时候，也正是心情郁闷的时候，因此失落感常常是困扰我们的主要烦恼之一。

关于失落感，英国一位高级女工程师这样叙述了自己的感受。

"近来，我被一种莫名其妙的情绪笼罩着，我徒劳地想摆脱出来。可悲的是我连这种情绪是怎么回事都未弄清楚时，就感觉好像一张大网直扣下来，渺小的我只有在大网之下做着莫名其妙的挣扎和寻找。大学毕业后，我就到现在的单位就职，周围的人因这职位和环境而羡慕我的机遇。但是生活并非如人们想象的那么轻松愉快。在春风得意的背后，深深的精神危机困扰着我。无论繁忙还是悠闲，内心深处总被一种难以遏制的渴望灼痛着，使我无法安宁。"

显然，这就是失落感的表现。这种感觉是被社会遗忘的空虚和茫然，是一种身属其位，却又不知自己生活在哪一个坐标上，心中只有无限的怅惘。心理学家认为产生失落的原因主要有以下两点：

第一，理想与现实相差太远。一个人在生活中找不到适合自己的位置时，便会有一种被生活遗忘的感觉，以为自己是个"多余的人"。比如失业者的失落感大多是由此引起的。还有一些人总以为自己眼前的工作不适合自己，对文秘不感兴趣，以为自己可做个部门经理。而实际上他又没有什么专长，这样高不成低不就的状态，只能让他从一个公司跳到另一个公司。最后自己也感慨自己是："心比天高，命如纸薄"。

有位哲人说，期望越高失望越深，这句话就很有道理。

假想一下，当你对生活抱着那种美梦般的幻想时，在想象的世界里，你好像是国王或王子；你希望拥有一份舒适的工作，最好是某大公司的总裁；你希望有一个幸福的家庭，儿子可爱、女儿美丽，且都聪颖过人……总之，你希望拥有一切美好。

可实际情况又怎样呢？过高的、超出自己实际能力的希望，如美丽的肥皂泡一样轻易地破碎了，于是失落因此而生成。

第二，不适应角色的转变。一个人在失去原来已经习惯担任的角色时，很容易产生失落感。比如一个青年学生在学校生活久了，大学毕业之后必须参加工作。但离开久已默契和合拍的"象牙塔式"的生活之后。便很难在尘世的喧哗中找到自己的角色，虽然勉强地找到了工作，但未必是适合自己心意的。因此，失落感油然而生。

那么，当自己有了失落感时，应该怎么应对呢？

第一，积极扮演角色。失落者是一种角色的错位。也许你现在担任的角色并不是最适合的，不是一个理想的角色。但不管怎样，对目前的角色都要积极地扮演。

积极扮演角色会使自己感到充实，因为任何一个角色都是组织中一个不可缺少的环节，积极扮演就会体现出它的作用，个人的价值也会因此而实现。

第二，通过奋斗使自己产生充实感。失落感是因为个人在社会生活中失去了位置，个人的价值找不到实现的方式。要想改变它，不妨证明自己对社会是有用的。

 习性点拨

> 当你在某一方面取得成功后，失落感便会自动消失。

永不放弃

英国前首相丘吉尔生前留下过许多脍炙人口的演讲词，最经典的还是那句"永不，永不，永不放弃！""永不放弃"四个字看起来简单，但做起来却很难很难，但如果谁真能做到了，谁就一定会成功。

著名足球运动员孙雯在我们眼里并不陌生，大多数人都通过电视看到她在足球场上的英姿。在获得"20世纪最佳足球运动员"称号后，孙雯回忆进入职业球队的经历时，感慨万千：

"一个人在人生低谷中徘徊，感觉自己支持不下去的时候，其实就是黎明的前夜。只要你坚持一下，再坚持一下。前面肯定是一道明媚的阳光。"

孙雯被父母送到了体校学踢足球后，因为没受过正规的训练，孙雯的表现并不出色。为此，她情绪一度很低落。

每个球员踢足球的目标就是进职业队打主力，孙雯也不例外。她的队友已经有不少陆续进了职业队，而孙雯却始终是那个被挑剩下的。一直对她赞赏有加的教练，总在选人过后对她委婉地说："名额不够，下一次就是你!"

因为这句话孙雯似乎看到了希望，又继续刻苦的训练。可一年之后，孙雯仍没有被选上，她对自己在足球道路上黯淡的前程感到迷茫，就有了离开体校的打算。

教练见孙雯去意已决，默默地看着她，什么也没说。然而，第二天，孙雯却收到了职业队的录取通知书。她激动不已地立马前去报了到。其实，她骨子里还是喜欢足球的。孙雯这次很高兴地跑去找教练了，她发现教练的眼中同她一样闪烁着喜悦的光芒。

教练这次开口说话了："以前我总说下一次就是你，其实那句话是我在安慰你，留给你希望。我是不想打击你而告诉你说你的球艺还不精，我是希望你一直努力下去啊!"

在职业队受到良好的系统实战训练后，孙雯对自己充满信心，她很快便脱颖而出。

"下一次就是你"，不仅给了孙雯希望，也应是那些正在成功路上跋涉者的希望。当某件事情越来越困难，越来越没有希望时，有些人会选择离开，但意志坚决的人，决不肯轻言放弃。

布莱·郝勒威说，当他在参加新英格兰爱国者队对抗洛杉矶奇袭者队的比赛中，他有好几次也想放弃，因为这条路实在太辛苦。当然，他没有退却，他坚持了下来，因为他愿意付出这些代价，他决心要获得成功。

 习性点拨

如果你还没有达到一生中最伟大的成就，是因为你轻易放弃。一开始，你可能无法在赛场上比别人先达到终点，但只要你坚持比赛，你必将成为最先冲线的那个人。

懂得选择，正确取舍

　　生活中，如果我们想得到某种东西，就必须先放弃一样东西，如果两种都要，则会两种都得不到；如果不及时作出取舍，也会因为错失良机而什么也得不到。要知道，没有舍弃就不会有新的收获。有时候，放弃比坚持更显得理性。生活百味，无须苦守。学会理智的舍弃，才能真正地体味到生活的真谛。

学会选择，懂得放弃

　　但凡是自己所喜欢的东西，就要执著地追求，这是大多数人的想法。遗憾的是，能追求到手的、又是自己喜欢的东西，这种时候并不是很多。因此，学会选择，懂得放弃是我们每个人都必须掌握的生存哲学。

　　有这样一个故事，从前有一个国王，后宫的妃子为他生了一群白白胖胖的王子，而他最宠爱的妃子为他生了一位漂亮的公主。国王非常爱小公主，视如掌上明珠，从不舍得训斥半句，凡是公主想要的东西，无论多么稀罕，国王都会想尽一切办法弄来。

　　在国王的骄纵下，公主渐渐地长大了，她开始懂得装扮自己了。

　　一个春雨初晴的午后，公主带着婢女徜徉于宫中花园，只见树枝上的花朵，经过雨水的润泽，花瓣上挂着几滴雨珠，越发的妖艳迷人。公主正在欣赏雨后的景致，忽然目光被荷花池中的奇观吸引住了。原来池水热气经过蒸发，正冒出一颗颗状如琉璃珠的水泡，浑圆晶莹，闪耀夺目。公主完全被这美丽的景致迷住了，突发异想："如果把这些水泡串成花环，戴在头发上，一定美丽极了。

打定主意后，她便叫婢女把水泡捞上来，但是婢女的手一触及水泡，水泡便破灭无影。折腾了半天，公主在池边等得愤愤不悦，婢女在池里捞得心急如焚，公主终于气愤难忍，一怒之下，便跑回宫中，把国王拉到池畔，对着一池闪闪发光的水泡说："父王，你一向是最疼爱我的，我要什么东西，你都依着我。女儿想要把池里的水泡串成为花环，作为装饰，你说好不好？"

"傻孩子，水泡虽然好看，终究是虚幻不实的东西，怎么可能做成花环呢？父王另外给你找珍珠水晶，一定比水泡还要美丽。"

"不要，不要，我只要水泡花环，我不要什么珍珠水晶。如果你不给我，我就不想活了。"公主骄纵撒野地哭闹着。

束手无策的国王只好把朝中的大臣们集合于花园，忧心忡忡地商议道："各位大臣们，你们号称是本国的能人，你们之中如果有人能够以奇异的技艺，用池中的水泡为公主编织美丽的花环，我便重重奖赏。"

有人说："水泡刹那生来，触摸即破，怎么能够拿来做花环呢？"大臣们面面相觑，不知如何是好。

"哼！这么简单的事，你们都无法办到，我平日何等善待你们？如果无法满足我女儿的心愿，你们统统提头来见。"国王盛怒地呵斥道。

"国王请息怒，我有办法替公主做成花环。只是老臣我老眼昏花，实在分不清楚水池中的泡沫，哪一颗比较均匀圆满，能否请公主亲自挑选，交给我来编成一串？"一位须发斑白的大臣神情笃定地说。

公主听了，兴高采烈地拿起瓢子，弯起腰身，认真地舀取自己中意的水泡。本来光彩闪烁的水泡，经公主轻轻一摸，霎时破灭，变为泡影。捞了很长时间，公主一颗水泡也拿不起来，睿智的大臣于是和蔼地对一脸沮丧的公主说："水泡本来就是生灭无常、不能常驻久留的东西，如果把人生的希望建立在这种虚假不实、瞬间即逝的现象上，到头来必然空无所得。"

公主听后，便不再坚持这个过分的要求了。故事中的公主似乎有些荒唐、偏执，但最终还是醒悟了。可生活中的一些人却非常执拗，明知再怎么努力也不会有所收获的事，却偏不放弃，直到耗尽精力、财力才肯罢休。殊不知，明智的放弃才是人生可取的态度。

生活中，我们经常要面临诸多选择，有选择就有放弃。虽然有些事情需要我们迎难而上、努力拼搏才能得到，但如果目标不对，一味地执著，只能是一种无谓的付出。有人说"我以一生的精力去做一件事，十年，二十年……再笨也会成为某一方面的专家。"但是如果这条路不适合你，自信和执著就变成了自负和执拗，这对自己是没有任何好处的，浪费了时间和精力，损失了物力和财力，最终也只是白忙活。

 习性点拨

> 有的东西在你想要得到又得不到时，一味地追求只会给自己带来压力、痛苦和焦虑。这时，学会放弃是一种解脱。

不奢恋身外之物

法国杰出的启蒙哲学家卢梭认为现代人物欲太盛，他说："十岁时被点心、二十岁被恋人、三十岁被快乐、四十岁被野心、五十岁被贪婪所俘虏。人到什么时候才能只追求睿智呢？"人心不能清净，是因为物欲太盛；人生在世，不能没有欲望，除了生存的欲望以外，人还有各种各样的欲望，欲望在一定程度上是促进社会发展和自我实现的动力。可是，欲望是无止境的，尤其是现代社会物欲更具诱惑力。如果管不住自己的欲望，任它随心所欲，就必然会给人带来痛苦和不幸。

老虎和猎豹一同狩猎。天快黑了，猎豹说："虎弟，我们的猎物已够多的了，现在就回家吧。"

"再等一会儿，我还想猎一只羚羊什么的，才猎了几只野兔，你就觉得满足了，真是没出息。"

突然，一只羚羊从它们身旁一闪而过。老虎立即撒开四腿，猛追过去。却不曾想，天黑路滑，脚下一松劲，滚下了山坡。

等猎豹赶到山坡下时，老虎只剩下最后一口气了。

"猎豹兄，请告诉我儿子一句话：即使拥有整个世界，一天也只能吃三餐，睡一张床。"说完这句话后，老虎便断了气。欲望越大，人越贪婪，人生越容易致祸！如果你能做到"身外物，不奢恋"，你就不会像伊索寓言里所讲的那样："有些人贪婪，想得到更多的东西，却把现在所有的也失掉了。"

从前，有两位很虔诚、很要好的教徒，决定一起到遥远的圣山朝圣。两人背上行囊、风尘仆仆地上路，誓言不达圣山朝拜，决不返家。

两位教徒走啊走，走了两个多星期之后，遇见一位白发年长的圣者；这圣者看到这两位如此虔诚的教徒千里迢迢要前往圣山朝圣。就十分感动地告诉他们："从这里距离圣山还有10天的脚程，但是很遗憾，我在这十字路口就要和你们分手了，而在分手前，我要送给你们一个礼物！什么礼物呢？就是你们当中一个人先许愿，他的愿望一定会马上实现；而第二个人，就可以得到那愿望的两倍！"

此时，其中一教徒心里一想："这太棒了，我已经知道我想要许什么愿，但我不能先讲，因为如果我先许愿，我就吃亏了，他就可以有双倍的礼物！不行！"而另外一教徒也自忖："我怎么可以先讲，让我的朋友获得加倍的礼物呢？"于是，两位教徒就开始客气起来，"你先讲嘛！你比较年长，你先许愿吧！""不，应该你先许愿！"两位教徒彼此推来推去，"客套地"推辞一番后，两人就开始不耐烦起来，气氛也变了："你干嘛？你先讲啊！""为什么我先讲？我才不要呢！"

两人推让到最后，其中一人生气了，大声说道："喂，你真是个不识相、不知好歹的人，你再不许愿的话，我就把你的狗腿打断、把你掐死！"

另外那个人一听，没有想到他的朋友居然变脸，竟然来恐吓自己！于是想，你这么无情无义，我也不必对你太有情有义！我没办法得到的东西，你也休想得到！于是，这个教徒干脆把心一横，狠心地说道："好，我先许愿！我希望我的一只眼睛瞎掉！"

很快地，这位教徒的一个眼睛马上瞎掉，而与他同行的好朋友，也立刻两个眼睛都瞎掉了。

原本，这是一件十分美好的礼物，可以使两位好朋友互相共享，但是他们的"贪念"左右了心中的情绪，所以使得"好友"变成"仇敌"，更是让原来可以"双赢"的事，变成两人瞎眼的"双输"！

可见，欲望能够毁灭我们的一切，所以，对一些身外之物，能放弃的就放弃，能给予的就大方地给别人。

 习性点拨

> 当我们对物质和金钱的索取不再贪婪时，精神上就会获得解放，心情也会随之放松起来，在这种平和的心态下，我们更容易感受到生活的乐趣，谁说这不是人生的另一种收获呢？

不为失去的而惋惜

安徒生的童话大多是写给孩子看的，浅显易懂，但是他那篇《老头子总是不会错》的童话故事，却也值得成年人一读，特别是那些整天觉得压力重，诸事不顺心的人更应该静下心来好好品味一番：

乡村有一对清贫的老夫妇。

有一天，他们想把家中唯一值点钱的一匹马拉到市场上去换点更有用的东西。于是，老头子牵着马去赶集了。

老头子先与人换得一头母牛，又用母牛去换了一只羊，再用羊换来一只肥鹅，又把鹅换了母鸡，最后用母鸡换了别人的一大袋烂苹果。在每次交换中，老头子都想给老伴一个惊喜。当老头子扛着那一大袋子烂苹果来到一家小酒店歇息时，遇上两个英国人。闲聊中老头子谈了自己赶集的经过。

两个英国人听后，哈哈大笑，说："老头子，你回去准得挨老婆子一顿揍。"

老头子坚称绝对不会，英国人就用一袋金币打赌。于是，两个英国人一起回到老头子家中。

老太婆见老头子回来了，非常高兴，她兴奋地听着老头子讲赶集的经过。每听老头子讲到用一种东西换了另一种东西时，她都充满了对老头子的钦佩。

她嘴里不时地说着："哦，我们有牛奶喝了！"

"羊奶也不错。"

"哦，鹅毛真漂亮呀！"

"哦，这回我们有鸡蛋吃了！"

最后，听到老头子背回一袋已经开始腐烂的苹果时，她同样不愠不恼，大声说："我们今晚就可以吃到香甜的苹果馅饼了！"

结果，两个英国人输掉了一袋金币。

一位哲人曾说："聪明的人永远不会坐在那里为他们的损失而悲伤，却会很高兴地找出办法弥补他们的创伤。"我们在生活中也会经常失去某种东西，这时如果能像童话中的老太婆那样用豁达的心情去看待，那么，生活中的烦恼就会少之又少。

"不为失去的而惋惜"。这句话看似普通，其实却包含着深奥的哲理，是人类智慧的结晶。

假如能够读尽各个时代伟大学者所著的有关忧虑与烦恼的书，你也不会看到比"不要为失去的而惋惜"更有用的人生经验了。人赤条条地来到这个世界，又两手空空离去。人的一生不可能永久地拥有什么，失去时你再悲伤也是徒劳的。而唯一正确的做法是：忘记它，把所有的精力放在下一件事情上，否则你会什么也得不到。

有一位旅客去三峡旅游，他站在船尾观赏两岸景色时，不小心将手提包掉进了滔滔江水中，包中装有巨额现金，他不假思索地跃身跳进江水里去捞包。虽然包抓到手了，但人再也没有回来。这位旅客如果懂得不为失去的东西惋惜，就不至于连生命也赔进去了。

因此，既然已经失去，为什么还要浪费眼泪呢？当然，犯了过错和疏忽都是我们的不对，可是惋惜也挽不回损失，因此，还不如想开一点。要知道谁没有犯过错误呢？就连拿破仑这样的伟人，在他所有重要战役中也输过1/3。

何况，即使我们使出浑身解数，也不能再挽回损失，即使是刚刚发生的事情，我们也不可能再回头把它纠正过来。

因此，一定要记住：不要为失去的而惋惜，这是抛开忧虑、轻松生活的前提。

在这里，安徒生要告诉我们的是：不要为失去的一匹马而惋惜或埋怨生活，既然有一袋烂苹果，就做一些苹果馅饼好了，这样生活才能妙趣横生、和美幸福，而且，你才可能获得意外的收获。

 习性点拨

> 如果一味惋惜、抱怨，既换不回失去的东西，又伤自己的身心。因此，乐于接受已经发生的事，是一种生活的智慧。

利用自己的缺陷去成功

在网络上流传着这样一个寓言故事：

当小白兔第一次出现在动物王国时，立即成了其他动物嘲笑的对象。因为小白兔有一条短得可怜的小尾巴。

一头黄牛朝小白兔走了过来，往他面前一站，神气地说："你这个小东西，看看我的尾巴吧，它既长又实用，还能够为我驱打苍蝇呢。"黄牛说完，便把尾巴猛地一甩，身上的苍蝇一哄而散，并有几只被打死在身上。

"好！"动物们都鼓起掌来。小白兔听后，只是平静地笑了笑。

"你的身材和我差不多，可咱俩的尾巴却太不一样了。"松鼠一下跳到小白兔面前，卷起那条长长的、蓬松的尾巴不怀好意地说。

"是呀，你俩的尾巴相差太远了。如果不拿着放大镜仔细寻找，我们还真认为小白兔是没尾巴的小怪物呢。"狐狸说完，和松鼠一起开心地大笑起来。

小白兔在动物们的冷嘲热讽中依然保持着冷静，它始终未反驳任何人。

后来，动物王国与外星人发动了一场战争。外星人凭借自己的优势，团团包围了动物王国。在这关系到动物王国生死存亡的关键时刻，狮王命令黄牛、松鼠、小白兔三人突出重围，去向玉帝请求救兵。

三人领命，想趁着夜色冲出包围圈，谁知被外星人发现了。外星人拿着火把在后面拼命追赶。由于黄牛奔跑时，尾巴总是一甩一甩的，外星人便把火把掷向黄牛，黄牛的尾巴被火把点着了，它痛得在地上打滚，就这样黄牛成了外星人的俘虏。

松鼠见状，边跑边想："天啊，我得赶紧找个地洞躲起来，不然我的尾巴也要着火了，还是先躲躲再说。"松鼠便一头钻进了路旁的一个地洞中。

小白兔则不顾自身安危，任凭火把从自己身后呼呼地飞过来，仍继续向前奔跑。

"这下我可安全了。哼，让小白兔一个人见鬼去吧。"躲在地洞中的松鼠刚美滋滋地想到这里，却突然感觉到自己的尾巴一阵剧痛，原来外星人追赶上来时，发现了松鼠露在洞外的尾巴。就这样，松鼠丧命于那一直引以为豪的漂亮尾巴上。

外星人继续追赶小白兔，但始终就差那么一点点距离。于是，他们也想用火烧黄牛、松鼠尾巴的那招来置小白兔于死地，但他们却没想到小白兔的尾巴又短又小，不容易被火把点着。就这样，小白兔安全地逃出了外星人的包围圈，搬来了救兵，拯救了整个动物王国。

鉴于小白兔对动物王国的杰出贡献，狮王授予了它"英雄"称号，小白兔也受到了动物们的爱戴。

从那以后，似乎所有的动物都忘了小白兔有一条又短又丑陋的尾巴了。

 习性点拨

> 卡耐基曾经说过：一种缺陷，如果生在一个庸人身上，他会把它看作是一个千载难逢的借口，竭力利用它来偷懒、求恕、懦弱。但如果生长在一个有作为的人身上，他不仅会用种种方法来将它克服，还会利用它干出一番不平凡的事业来。

少一分物欲，多一分决心

有位哲人说："人的自由并不仅仅是做他愿意做的事，而在于永远做他不愿做的事。"这句话提醒人们，任何自由都是有限度的，有规则的。有了行为的不自由，才能获得精神上的真正自由。精神自由的人，大多能自甘平淡，保持一种宁静的超然心境。做起事来，不慌不忙，不躁不乱，井然有序。面对外界的各种变化不惊不惧，不愠不怒，不暴不躁。面对物质引诱，心不动，手不痒。没有小肚鸡肠带来的烦恼，没有功名利禄的拖累。活得轻松，过得自在。

如果一个人有太多的物欲和虚荣心，那么他在行走时，就会因这些重负而寸步难行。

有一位禁欲苦行的修道者，准备离开他所住的村庄，到无人居住的山中去隐居修行，他只带了一块布当作衣服，就一个人到山中居住了。

后来他想到当他要洗衣服的时候，他需要另外一块布来替换，于是他就下山到村庄中，向村民们乞讨一块布当作衣服，村民们都知道他是虔诚的修道者，于是毫不犹豫地就给了他一块布，当作换洗用的衣服。

当这位修道者回到山中之后，他发觉在他居住的茅屋里面有一只老鼠，常常会在他专心打坐的时候来咬他那件准备换洗的衣服，他早就发誓一生遵守不杀生的戒律，因此他无意去伤害那只老鼠，但是他又没有办法赶走那只老鼠，所以他回到村庄中，向村民要一只猫来饲养。

得到了一只猫之后，他又想到了"猫要吃什么呢？我并不想让猫去吃老鼠。但总不能跟我一样只吃一些水果与野菜吧！"于是他又向村民要了一头乳牛，这样，那只猫就可以靠牛奶维生。

但是，在山中居住了一段时间以后，他发觉每天都要花很多的时间来照顾那只母牛，于是他又回到村庄中，他找到了一个单身汉，就带着这无家可归的单身汉到山中居住，帮他照顾乳牛。

那个单身汉在山中居住了一段时间之后，他跟修道者抱怨说："我跟你不一样，我需要一个太太，我要正常的家庭生活。"

修道者想一想也是有道理，他不能强迫别人一定要跟他一样，过着禁欲苦行的生活。于是同意让单身汉回村庄里找个好女孩成立一个家庭。单身汉回村庄娶回一个妻子，10个月后他们就生了一个小孩……

这个故事就这样继续演变下去，大家可能都猜到了，到了后来，整个村庄都搬到山上去了。一个人如果物欲太盛，那么他的心就永远难以平静，也就谈不上修身养性了。

> 　　在生活中，如果你物欲之心太重，就会削弱追求事业成功的决心，所以，我们不能过分追求物质的多少，而要把心思多放在如何把自己的事业做大、做强上。

学会理智地放弃

　　无论手里握着的是什么，很多人都舍不得放弃，其实，有时放弃才是真的聪明。遗憾的是，不知足是人的本性，而贪婪的结果往往是已经取得的东西也随之失去。虽然我们无法把握挑战的难度，但却可以控制自己的欲望。

　　电视上有一个娱乐节目，内容就是数钞票比赛。所谓数钞票就是主持人拿出一大沓钞票，这一大沓钞票里面，有大小不一的各类币种，按不同顺序杂乱重叠着，在规定的 3 分钟内，让现场选拔的四名观众进行点钞比赛。这四名参赛的观众中，谁数得最多，数目又最准确，那么，他就可以获得自己刚刚数得的现金。

　　主持人将游戏规则一宣布，顿时引起全场轰动。大家都想：在 3 分钟内，不说数几万，应该也数出几千来吧。而在短短的几分钟内，就能获得几千块钱的奖励，这的确是一件令人人刺激和兴奋的事情。

　　游戏开始了，4 个人开始埋头"沙沙沙"地数起了钞票。当然，在这 3 分钟内，主持人是不会让他们安心点钞的，他还会拿起话筒，轮流给参赛者出脑筋急转弯的题目，来打断他们的正常思路，并且，必须答对题目才能接着往下数。几轮下来，时间就到了，4 位参赛观众手里各拿了厚薄不一的一沓钞票。主持人拿出一支笔，让他们写出刚才所数钞票的金额。

　　第一位，3472 元。第二位，5836 元。第 3 位，也数出了 4889 元的好成绩。而第 4 位，只数出区区 500 元。4 个观众所数钞票的数目，相距甚远。当主持人报出这 4 组数字的时候，台下顿时一片哄笑，他们都不理解，第 4 位观众为什么会数得那么少呢？

这时，主持人开始当场验证刚才所数钞票数目的准确性。在众目睽睽之下，主持人把4名参赛观众所数的钞票重数了一遍，正确的结果分别是：3372、5831、4879、500。也就是说，前3名数得多的参赛观众，不是多计了100元，就是少计了5元或者10元，距离正确数目，都只是一"票"之差。只有数得最少的第4位才完全正确。按游戏规则，那么也只有第4位观众才能获得500元奖金，而其他的3位参赛观众，都只是紧张地做了3分钟的无用功。

　　看到这样出乎意料的结果，台下的观众先是沉默，继而爆发出热烈的掌声。这时，主持人拿出话筒，很严肃地告诉大家一个秘密：自从这个节目开办以来，在这项角逐中，所有参赛者所得的最高奖金，从来没人能超过1000元。

　　人贵在知足。有时，聪明的放弃，其实就是经营人生的一种策略，也是人生的一种大智慧。不过，它需要更大的勇气和睿智啊！

　　放弃不一定是坏事，但在生活中，懂得放弃的人并不多。他们只知道固执地守护着已经得到的东西，却不知道如果果断地放弃，或许能够收获更多。

　　一位游人蹲在池边，看见一只小龟在拼命地啃着一颗荔枝核，但那颗荔枝核上一点果肉都没有，很显然是很久以前就被人抛弃的。

　　游人见小龟啃了半天，也没捞着任何实惠，便扔了一颗花生米过去。可小龟却不理会，仍然一个劲地啃着那颗荔枝核。游人见此，轻轻地叹了一口气。

　　小龟又白费力气地啃了半天后，终于放弃了，转向了那颗花生米，高兴地啃了起来。

　　"看，放弃也是一种智慧，可惜呀，我们人类有时还不如一只小龟。明知坚持会带来更多的苦恼，却始终不肯松手。"游人自言自语地说。

习性点拨

　　　没有放弃就不会有新的收获。有时候，放弃比坚持更显得理性。生活百味，无须苦守。学会理智的放弃，才能真正地体味到生活的真谛。

一定要有放弃的勇气

放弃，对每个人来说都是件痛苦不堪的事情。然而，在适当的时候，放弃也是一种智慧。俄国作家托尔斯泰写过一则短篇故事：有个农夫，每天早出晚归地耕种一小片贫瘠的土地，但收成很少。一位天使可怜农夫的境遇，就对农夫说，只要他能不断往前跑，他跑过的所有地方，不管多大，那些土地就全部归他所有。

于是，农夫兴奋地向前跑，一直跑，一直不停地跑！跑累了，想停下来休息，然而，一想到家里的妻子和儿女，都需要更大的土地来耕作、来赚钱啊！所以，又拼命地再往前跑！真的累了，农夫上气不接下气，实在跑不动了！可是，农夫又想到将来年纪大，可能乏人照顾、需要钱，就再打起精神，不顾气喘不已的身子，再奋力向前跑！

最后，他体力不支，"咚"地倒在地上，死了！

假如这位农夫懂得放弃，就能与家人一起享受幸福的生活而不是因贪而失去生命了。

在生活中，我们像这位农夫一样，时刻都面临着取与舍。遗憾的是，也有人像农夫一样，总是渴望着取，渴望着占有，而常常忽略了舍，忽略了占有的反面——放弃。事实上，只有懂得了放弃的真意，才能理解"失之东隅，收之桑榆"的妙谛。一个懂得适时地有所放弃的人，才能获得内心的平衡，才能获得快乐的生活。

一个老人在行驶的火车上，不小心把刚买的新鞋弄掉了一只，周围的人都为他惋惜。不料那老人立即把第二只鞋从窗口扔了出去，让人大吃一惊。老人解释道："这一只鞋无论多么昂贵，对我来说也没有用了，如果有谁捡到一双鞋，说不定还能穿呢！"

显然，老人的行为已有了价值判断：与其抱残守缺，不如断然放弃。我们都有过失去某种重要的东西的经历，且大都在心理上投下了阴影。究其原因，就是我们并没有调整心态去面对失去，没有从心理上承认失去，总是沉湎于已经不存在的东西。普希金在一首诗中写道："一切都是暂时的，一切都会消逝；让失去的变为可爱。"有时，失去不一定是忧伤，反而会成为一种美丽；失去不一定是损失，反倒是一种奉献。只要我们抱着积极乐观的心态，失去也会变得可爱。

一只狐狸被猎人用套套住了一只爪子，它毫不迟疑地咬断了那只小腿，然后逃命。放弃一只腿而保全一条生命，这是狐狸的哲学。人生亦应如此，当生活强迫我们必须付出惨痛的代价以前，主动放弃局部利益而保全整体利益是最明智的选择。智者云："两弊相衡取其轻，两利相权取其重。"趋利避害，这也正是放弃的实质。

在欧洲，有一首流传很广的民谚：为了得到一根铁钉，我们失去了一块马蹄铁；为了得到一块马蹄铁，我们失去了一匹骏马；为了得到一匹骏马，我们失去一名骑手；为了得到一名骑手，我们失去了一场战争的胜利。

为了一根铁钉而输掉一场战争，这正是不懂得及早放弃的恶果。

生活中，有时不好的境遇会不期而至，使得我们猝不及防，这时我们更要学会放弃。放弃焦躁性急的心理，争取活得洒脱一些。

人之一生，需要我们放弃的东西很多。比如放弃屈辱留下的仇恨，放弃失恋带来的痛楚，放弃浪费精力的争吵，放弃心中所有难言的负荷。放弃没完没了的解释，放弃对权力的角逐，放弃对名利的争夺……一切恶意的念头，一切源于自私的欲望，一切固执的观念都应该放弃。

然而，放弃并非易事，需要非凡的勇气。面对诸多不可为之事，勇于放弃，是明智的选择。

 习性点拨

> 只有毫不犹豫地放弃，才能重新轻松投入新生活，才会有新的发现和转机。当我们学会了放弃时，就会拥有一个安然祥和的心态，就会活得充实、坦然和轻松。

不贪婪，多不一定就是好

有这样一个小故事：

从前，有一个自作聪明的年轻人到别人家去做客。在吃饭时，年轻人嫌菜没有味道，主人听说后，赶忙往菜里加了点盐，菜里的味道便鲜美多了。年轻人尝了尝，心里想：菜之所以鲜美，是因为加了盐。加一点点的盐味道便如此的鲜美，如果加更多的盐，岂不是更加好吃！

回到家后，这位年轻人便抓了一把盐放进嘴里，吃了以后，又苦又咸又涩，并且伤了味蕾，年轻人从此以后失去了味觉。

盐能使菜的味道鲜美，但如果放得太多，菜就会咸得没法入口，这本是一个简单的道理，但很多人却不懂，他们都盲目地喜欢一个"多"字，比如认为钱越大越好，却不知钱越多，快乐就有可能减少；比如认为房子越大越好，却不知房子的面积每增加一平米，绿地就减少一平米，而沙尘暴可能就多一次。

既然多不一定就是好，那么，是不是钱多也不一定是好事呢？答案是肯定的。任何事情都有正反两方面的效果。有钱虽然在物质上能够比别人多一些享受，但是有钱人也有有钱人的烦恼。因为金钱不是万能的。钱财如果处理得不当，还会为自己带来祸害。而没有多少钱的人往往过得轻松、惬意。

唐代中叶德宗时的王锷是个赳赳武夫，凭着血气之勇打了几次胜仗，最后一步一步位极人臣。此公生性吝啬贪鄙。凡是他经手的工程建设，哪怕琐屑小事也要躬亲，不过，这完全不是出于对工作的谨慎负责，而是怕肥水落入外人田。每次公家设宴请客的剩菜剩饭，他要么自己全部兜回家，要么全部当下卖掉，反正不白白便宜了手下的人。

跟随他多年的一个旧友，看到他这样富贵了还见钱忘命，便善意而又委婉地对他说："相爷要把身外之物看淡一点，对于金钱要有聚有散，好让社会上知道相爷重义不重财。"过几天后那位旧友又去见王锷，王锷十分诚恳地对他说："前天你的劝告太及时了，我已按你的意思把钱财散了。"

王锷接着说:"我的每个儿子各人分得万贯,每个女婿各人分得千贯。"

听着王锷的回答,那位老友两眼睁得又大又圆,心里暗暗地说:"原来如此!"这种方法最后的下场会很可悲。因为,留给儿孙的家业太多了,反而养成了他们不想自食其力的懒惰。

曾有人说:世界上最坏事的就是钱财,聪明人的钱财多了,就失去了进取向上的斗志;愚蠢的人钱财多了,就会干更多的蠢事和坏事。的确,钱财是身外之物,没有它自然不能生活,但过多又成为自己的累赘。这就像一个人的十个指头,不足十个生活不方便,超过了十个就成了负担。

清朝山西太原有一个商人,生意做得很红火,长年财源滚滚,虽然请了好几名账房先生,但总账还是靠他自己算。钱的进项又多又大,他天天从早晨打算盘熬到深更半夜,累得他腰酸背痛头昏眼花,夜晚上床后又想到明天的生意,一想到成堆白花花的银子又兴奋激动。这样,白天忙得不能睡觉,夜晚又兴奋得睡不着觉。这老头患上了严重的失眠症,老头隔壁靠做豆腐为生的小两口,每天清早起来磨豆浆、做豆腐,说说笑笑,快快活活,甜甜蜜蜜。

墙这边的富老头在床上翻来覆去,摇头叹息,对这对穷夫妻又羡慕又嫉妒,他的太太说:"老爷,我们要这么多银子有什么用,整天又累又担心,还不如隔壁那对穷夫妻,活得开心。"

老头早就认识到自己还不如穷邻居生活得轻松洒脱,等太太话一落,音便说:"他们是穷才这样开心,富起来他们就不能了,很快我就让他们笑不起来。"说着,他翻下床去钱柜里抓了几把金子和银子,扔到邻居豆腐房的院子里。

这对夫妻正在边唱边做豆腐,忽然听到院子里"扑通"、"扑通"地响,提灯一照,只见是闪闪的金子和白花花的银子,连忙放下豆子,慌手慌脚地把金银捡回来,心情紧张极了。不知该把这些财富藏在哪里才好,藏在房里怕不保险,藏在院里怕不安全。从此,再也听不到他们说笑,更听不见他们唱歌了。

富老头和他太太开玩笑说:"你看!他们再笑不起来、唱不起来了吧!早该让他们尝尝富有的滋味。"

> 钱不一定是越多越好，快乐比金钱更重要。

在失败之后要有勇气尝试

有错误的行为，就会有失败的结果。但失败并不可怕，可怕的是遭遇一次失败后，不去正确分析失败的原因，也不认真总结失败带给自己的经验和教训，就在失败面前举起双手"投降"，从而没有勇气再去做新的尝试。

面对失败，很多人都选择逃避，其实这是没有必要的。事实上，害怕失败是一种正常的心理现象，而且这种现象在成功人士身上也会出现。比如，可以说比尔·盖茨是当今世界上最成功的人之一。然而，这位处于鼎盛时期的超级成功者也有烦恼和忧虑，他也同样害怕失败。

有一次，盖茨曾经这样对记者说："我害怕失败。实际上，每天我来到办公室时，我总要问问自己：我是否一直在努力？我们的产品是否真的很好，还能不能进一步改进？是否有人已赶在我们的前列……"

这些话出自比尔·盖茨这样一位超级成功者之口，出自一个世界上最富有的亿万富翁之口，你是否感到惊奇？

其实，这并不奇怪，日益激烈的竞争和高速发展所带来的紧迫感，迫使成功者在失败来临时，虽然有些惧怕，但还是能勇敢地直面失败，并能理性地分析失败的原因，然后再投入工作中，不断地尝试，不断地失败，再尝试，再失败，直至获得最后的成功。比尔·盖茨如此年轻，就获得了巨大的成就，他的成功也不是一帆风顺的，他也同样遇到过很多次的失败。但与别人不同的是，每一次失败后，他都能及时调整自己的思路和心态，再继续努力，直至获得成功。

像比尔·盖茨一样，甲骨文公司的创始人埃利森在面对失败时，他也是及时纠正了自身的错误，才重新获得了崛起的能力的。

在甲骨文公司初创时期，几十人的公司规模对埃利森来说，管理并不是个问题。但在甲骨文公司上市后，公司的快速发展使管理成为一个紧迫的问题，埃利森选择了工程师出身的沃克出任首席财务官，他凭着经验和喜好去选择人的做法让公司走上了危险的道路。再加上销售负责人肯尼迪错误的承诺措施带来的大批应收账款问题，很快地公司几乎处于毁灭边缘。

面对重重困难，埃利森没有怨天尤人或放弃公司，他反省了自身的所作所为，又冷静地分析了公司陷入困境的真正原因，终于发现是自己用人不当造成的。于是，埃利森立即调整了人事任命，改用财务经验丰富的罗恩·沃尔，解决了公司的资金问题，又选择了管理出色的雷·莱恩作为自己的搭档。结果，甲骨文公司在残酷的数据库竞争中逐渐成熟。可见，但凡是成功人士，都善于总结失败的原因，敢于尝试。

正如美国通用电气公司创始人沃特所说："通向成功的路就是分析你失败的原因，找出问题的症结，然后不停地尝试，再尝试。"其实，要这样做并不困难，可怕的是一遇到失败就妥协，就失去了斗志。

很多时候，我们总是习惯于从别人的成功中寻找规律，却忘了从自己的失败中总结出有益的教训。事实上，失败的教训往往更能给人以警示和启迪，更有助于我们做好自己的工作。

 **习性点拨**

> 不管你在生活或是工作中遭遇了多少次失败，你现在急需要做的事不是自责，不是抱怨，不是退缩，不是害怕，而是让自己冷静下来，去从失败中吸收营养，并且勇于行动，勇于尝试。唯有如此，你才能更好地做好自己的工作，更早地获取成功。

绝望中孕育希望

在我们或长或短的一生中，总会有遇到不顺利的事情的时候。这时，人们往往有两种态度，一种是对自己失去信心，不再努力去追求自己想做的事情，一种是永不绝望，并通过各种途径去证明自己的实力，最终获得成功。

一次，老板对一个年轻人说："你明天不用来上班了……"

"为什么？"年轻人不解。

"你现在对公司没有任何价值。简单地说就是你没有什么用。"老板吐了一个烟圈，仰身躺在靠椅上。的确，年轻人的业绩确实不怎么好。

不过，年轻人不想就这样被解雇。他向老板恳求说："但是，我相信，我还是能干一些事情的。"

"作为一个推销员，你根本不够格。"他的老板坚持这样认为，话也说得很直白。

"我相信我会对您和您的公司有用的。"年轻人说。

"告诉我你怎么成为一个有用的人。"

"我不知道，先生，我不知道。但是我应该是有用的……"年轻人开始变得有些激动，甚至语无伦次起来。

"我也不知道。"虽然老板有些嘲讽的意味，但他还是认真地仔细打量着面前的这个人。

"只要把我留下来就行，先生，让我留下来，让我在其他方面试试。我干不了销售，但也许可以干其他的活。"

老板的口气渐渐温和了，说："也许你到这里来就是一个错误。"

"但是无论如何，我都会使自己有一些用处的。"年轻人坚持说："请你相信我，我能做到的。"

终于，老板同意了他的恳求，他被调到会计室。在那里，他在数字方面的天赋很快就有了用武之地。几年以后，他成了这家大百货商店的出纳负责人，而且还是一位出色的会计师。

这位年轻人的可贵不只是他对自己价值的肯定，还有他执著的精神。

请问，你能在被解雇和一次次拒绝后仍然保持这样的自信吗？如果能，你就能像这位年轻人一样，有获得成功的机会。

事实上，在绝望的那一刻，只要我们不放弃，只要我们肯坚持，绝望就能成为希望的开始。

努力把自己打造得更坚强

当生活中出现不如意时，一部分人习惯于抱怨环境，却没想过去改变自己，阿姆娜就是这样的一个人。

一次，阿姆娜对父亲说："爸爸，我真想放弃我的生活，放弃我的人生。为什么我总是那么倒霉呢？工作丢了；男朋友移情别恋了；买的股票又被牢牢套住……我已彻底厌倦抗争和奋斗了，我遇到的麻烦事太多了，刚解决完一个，新的麻烦又会紧接着出现。"

听完女儿的抱怨后，父亲什么话也没说。他把阿姆娜带进厨房后，先往三只锅里倒入一些水，然后把它们放在旺火上烧。不久锅里的水烧开了。

这位父亲往一只锅里放些胡萝卜，第二只锅里放入鸡蛋，最后一只锅里放人碾成粉状的咖啡豆。他将它们浸入开水中煮，一句话也没说。

阿姆娜咂咂嘴，不耐烦地等待着，纳闷父亲在做什么。

大约20分钟后，阿姆娜的父亲把火关了，他把胡萝卜捞出来放人一个碗内，把鸡蛋捞出来放入另一个碗内，然后又把咖啡舀到一个杯子里。

做完这些后，他才转过身问阿姆娜："孩子，你看见什么了？"

"胡萝卜、鸡蛋、咖啡。"阿姆娜回答。

父亲让阿姆娜靠近些，并让她用手摸摸胡萝卜。阿姆娜摸了摸，注意到它们变软了。

父亲又让阿姆娜拿一只鸡蛋并打破它。将壳剥掉后，她看到的是只煮熟的鸡蛋。

最后，父亲让她啜饮咖啡。品尝到香浓的咖啡，阿姆娜笑了。

她怯声问道："爸爸，这意味着什么？"

父亲解释说："这三样东西面临同样的逆境——煮沸的开水，但其反应各不相同：胡萝卜入锅之前是强壮的，结实的，毫不示弱；但进入开水后，它变软了，变弱了。鸡蛋原来是易碎的，它薄薄的外壳保护着它呈液体的内里，但是经开水一煮，它的内里变硬了；而粉状咖啡豆则很独特，进入沸水后，它们倒改变了水。"

"爸爸，我明白你的意思了，我知道自己该用什么样的态度来对待生活了。"阿姆娜快乐地说。

当生活赋予我们苦难时，我们可以学习胡萝卜、鸡蛋，或是咖啡豆。你选择的学习态度是什么，你就会成为什么。你可以像胡萝卜一样屈服于环境，可以像鸡蛋一样变得更坚强，也可以像咖啡蛋一样改变环境，总之，你有权力决定自己对待困难的态度和自己的前途。

 习性点拨

　　选择鸡蛋和咖啡豆的人，生命中要经历的苦难肯定更多，但是，这样的经历能把自己打造得更坚强，更自信，更完善。

制定目标，追逐梦想

一位成功学家曾说："明确的奋斗目标是我们行动的依据。没有目标，我们的热忱便无的放矢，无处依归。有了明确的奋斗目标，我们才会有斗志，才能开发我们的潜力，才能把我们带到成功的彼岸。"的确，生活中那些有理想、有追求、有上进心的人，一定都有一个明确的奋斗目标。因此，我们应该懂得自己活着是为什么，并且围绕着一个明确的长远的目标进行努力，这样才有可能取得卓越的成就。

成功是从选定目标开始的

在非洲撒哈拉沙漠中有一个小村庄叫比塞尔。它靠近一块 1.5 平方千米的绿洲，从这儿走出沙漠一般需要 3 昼夜的时间。可是，直到 1926 年，在肯·莱文发现它之前，这儿的人没有一个走出过大沙漠。据说他们也是很想离开这块贫瘠的地方，可是经过一次次的尝试都没有走出去。

肯·莱文决定解开这个谜，他用手语同当地人交谈，结果每个人的回答都是一样的：从这儿无论朝哪个方向走，最后都还要转回到这个地方来。

为了证实这种说法的真伪，莱文做了一次试验，从比塞尔村向北走，结果 3 天半就走了出去。

"比塞尔人为什么走不出去呢?"肯·莱文感到非常奇怪。最后，他决定雇一个比塞尔人，让他带路，看看到底是怎么回事? 他们准备了能用半个月的水，牵上两匹骆驼，肯·莱文收起了指南针等设备，只拿一根木棍跟在那个比塞尔人身后。

10 天过去了。他们走了大约 800 英里的路程，第 11 天的早晨，一块绿洲出现在他们眼前，他们果然又回到了比塞尔。

这一次肯·莱文终于明白了，比塞尔人之所以走不出大沙漠，是因为他们不认识北极星，不会辨认方向。

在一望无际的沙漠里，一个人如果凭着感觉往前走，他会走出许许多多大小不一的圆圈，最后的足迹十有八九是一把卷尺的形状。比塞尔村处在浩瀚的沙漠中间，方圆上千里，没有指南针想走出沙漠，确实是不可能的。

肯·莱文在离开比塞尔时，带了一个叫阿吉特尔的青年。他告诉这个青年："只要你白天休息，夜晚朝着北边那颗最亮的星星走，就能走出沙漠。"

阿古特尔照着去做，3 天之后，他果然来到了大沙漠的边缘。

不管比塞尔人有么多好的体力，有多么充足的食物，因为不会辨别前进的方向，最终只能是徒劳而返。

如果在你的工作中也缺少一枚指南针，那么你也会像撒哈拉沙漠中的比塞尔人，整天围绕自己的工作转圈，却没有什么业绩可言。

 习性点拨

> 成功者与失败者的区别在于：成功者手中始终握着一枚"指南针"，他永远不会迷失方向，并且自信心十足、勇往直前地向着目标进发；而失败者整天却像一个无头苍蝇，撞到哪儿算哪儿，一辈子也别想走出"沙漠"。

心中有目标，活着有方向

所谓梦想，也就是我们要追求的目标。当一个人心里有了追求的目标时，他活着就有了前进的方向。

有这样一个寓言故事：

一只纸船和一堆粪便在海边的沙滩上相遇了。

"喂，你这是要到哪儿去呀？"粪便问。"我要等起风时，乘着风儿飘进大海，然后去远航。"纸船说。"远航？别忘了你是一张纸做的。你可不是钢铁之身，你还是趁早打消这个可笑的念头吧。"

"不，去大海远航是我的梦想，我是不会放弃的。"

"可是，一进大海，你就有沉没的危险呀！你这么傻，还不如就和我呆在一起。你看看我，每天晒着太阳，听着涛声，日子过得多舒服啊！"

纸船没理会粪便的话。一阵风吹过，纸船乘着风落进了海里，并且慢慢地飘向远方。

"傻瓜，简直是自取灭亡！"粪便冷冷地说。

"纸船即使沉没了，但它的生命是永恒的，因为，它有梦想，有追求。而你呢？只是一堆人人厌恶的粪便，况且，你也不可能在此久呆。"一只海龟对粪便说。

果然，第二天一早，粪便便成了一群屎壳郎的早餐。

这个寓言故事给了我们这样一个启示：有了梦想的人生，才是精彩的人生。即使在追求梦想的过程中，我们失去了很多，哪怕是生命，但我们仍能自豪地说：这样的人生是充实的，我们没有白活。

相信自己的梦想，它会给你的人生带来奇迹。

因此，可以这样说，敢于梦想是成功者们最基本的心理素质。

没有莱特兄弟的在天空中飞行的梦想，人类不会有今天便捷的空中航线；

没有贝尔的梦想，世界上大概还不会有电话；

居里夫人说："我要把人生变成科学的梦，然后再把梦变成现实。"当居里夫人刚刚跨入科学殿堂的时候，她就是这样表达自己想要一辈子献身于科学的愿望的；

没有爱迪生经历了几千次失败都难以泯灭的梦想，人类不会有把黑暗变为光明的电灯。

梦想，尽管离现实还非常遥远，尽管其中的许多缤纷灿烂的幻觉最终会因其不符合实际而烟消云散，但梦想毕竟反映了人们想要冲破现状和追求自我完善的强烈的愿望，它是人的积极心态的体现。

 习性点拨

> 　　生活中，那些成功者永远在梦想，在积极地思考，始终用乐观的精神和辉煌的经验支配着自己；而失败者则总是充满自卑、疑虑、空虚和失望，这种消极心态必然导致失败。
>
> 　　我们可以想象，一个没有梦想的人，他又怎么会有前进的方向呢？没有前进的方向，有怎么会有奋斗的目标呢？没有目标，又怎么去行动呢？没有行动，又怎么去获得成功呢？所以，梦想对每个人来说都是特别重要的，有了梦想，我们活着才有方向！

抓住目标不松手

　　有这样一个寓言故事：

　　梧桐树上，出生不久的两只黄鹂鸟不停地叫着，那声音好听极了。

　　梧桐树下，一只蜗牛听了黄鹂鸟的叫声后，便决定爬上树去和它们交个朋友。可是，蜗牛由于背着沉重的壳，它从梧桐树的底部往上才爬了20多厘米，就摔了下来。但蜗牛并不气馁，它翻身起来又继续向梧桐树上爬去。这次，当它爬了近40厘米的距离时，它不幸又摔了下来。蜗牛躺在那里休息了几分钟，然后又慢慢朝树上爬去，然后又摔下，又翻身继续往上爬去……

　　蜗牛的这一幕，恰好被在梧桐树下玩耍的三个年轻人看到了。

　　"这只蜗牛真傻!"一个年轻人说。

　　"我也这么认为。"另一个年轻人附和道。

　　"不，这只蜗牛一定是为了达成自己的某种心愿才锲而不舍，一次又一次努力的。蜗牛的这种精神不正是我们身上所缺乏的吗?"第三个年轻人说。

　　若干年后，第三个年轻人成了一家大公司的董事长。他曾经对采访他

的记者说，蜗牛的精神是他经营的哲学，他之所以成功，全得益于那只蜗牛的启示。

任何成功都不是一蹴而就的，在追求的过程中，你肯定会遇到很多挫折，很多磨难，但只要你紧紧盯住目标，并且排除一切干扰朝目标努力，那么目标就会变成现实。如果一遇挫折就撒手，一遇困难就回头，那么目标就会如同天边的彩虹一样，永远可望而不可即。在这个世界上，大多数成功者都如同成功的董事长一样，具有蜗牛那种不达目的誓不休的精神，而这，也是他们能够比别人更快地成功的关键因素。我国著名的企业家罗忠福也属于这类人。

1988 年，罗忠福来到珠海，他决定利用当时经济发展的大好转机。在珠海投资房地产。没想到一连串难以预料的变化，使他几乎陷于绝境。

当时，罗忠福联合了深圳、四川和贵州的三家大公司共同开发，由他出定金，四家公司共同投资。然而，没过多久，深圳、四川两家公司先后退出合作，贵州的民建房产公司在注入了 100 万资金后，也不再与他联系，实际上也终止了投资与合作。

罗忠福的宏伟蓝图一下子成了泡影。无奈之下，他只好放弃已经买下的三块地皮，但他无论如何也不愿放弃拱北海关附近的那块地皮。那只是一片连条小路也没有的沼泽地，但罗忠福却对它情有独钟，他坚信这是他开发珠海房地产的最理想的地皮。拱北海关与澳门接壤，算得上是珠海的"黄金口岸"，如果把这块土地开发出来，造一座酒楼，一旦珠海发展起来，这里的地理位置将会是全珠海任何一个地段都无法与之争雄的。

罗忠福很有战略眼光。他不惜倾囊而出，以 178 万元买下了这块土地独自进行开发。可是，盖楼的钱怎么办呢？他想方设法借助澳门一家公司的财力，几经周折，在珠海办起了第一家典当行。

一年后，罗忠福终于积累起了盖酒楼的钱。然而，正当他准备大展宏图的时候，突然遇到了巨大的阻力，先是原先投入过资金的贵州民建房产开发公司突然解散，派人来索回原来注入的 100 万资金。罗忠福东奔西跑，筹足了资金，刚把这笔投资款还清，又无缘无故地被卷入一场冤枉案子里，被搞得心力交瘁，不得安宁。

一波未平一波又起。当时正逢经济政策调整，要求全国上下"治理整顿，缩紧银根"，罗忠福的酒楼，也在"整顿"之列。有关方面对他说："造工厂可以，造酒楼肯定不行"。刚开工不久的酒楼被迫停了下来，孤零零地瘫在荒凉的拱北海关口。

这时许多人都劝他不要再干下去了，其实他们说的也不无道理。那时中山市有一家公司也看上了这一块地，愿出400万元接手，如果罗忠福以此价出让，再加上他自己的企业黔海公司的200万资本，即使他洗手不干，也可净获600万。在珠海几年，赚了几百万，他似乎照样可以以一个成功的企业家自居。

然而，罗忠福却并不这样想。他不甘心被眼前的困境拖垮，他更不甘心被命运所压倒。他不愿意做一个半途而废的人，他一定要达成自己的目标。

罗忠福对中国改革开放的前景看得很清楚，也分析得很透。他相信中国的改革还会进行下去，他相信他的企业和他的事业会有一个更加辉煌的前景。

不仅如此，罗忠福还不失时机地利用当时经济不景气和地产被低估的机会，用黔海公司和典当行的收入，陆续买进了珠海白滕湖西区的750亩土地。几年以后，这一片以每平方米100元买进的土地真的升值到了好几亿元。

罗忠福苦熬了整整两年，到了1991年，经济形势好转了，政策也有了新的变化，他的酒楼又可以继续施工了。罗忠福终于可以扬眉吐气地大展身手了。罗忠福决定投入更多的资金，将酒楼从原计划的17层加到21层，还在楼顶上建造一座高达18米的巨型报时大钟楼。

现在，罗忠福建造的这座大酒楼巍然屹立在珠海拱北海关口，成了珠海市的象征。

 习性点拨

> 罗忠福和其他成功人士的经历告诉我们这样一条法则：不能抓住目标的人，绝不可能成功。

设定目标，努力追求

美国一家研究成功的机构，曾经长期追踪调查 100 个年轻人，直到他们年满 65 岁。结果发现：只有一个人很富有，其中 5 个人有经济保障，剩下 94 人情况不太好，可以说是失败者。这 94 个人之所以晚年经济拮据，生活不如意，并非年轻时努力不够，其关键因素是年轻时没有选定清晰的追求目标。

可见，成功总是属于那些有目标的人，鲜花和荣誉从来不会降临到那些没有目标的人头上。生活中，要想攀越人生巅峰，在个人、家庭、事业、生活及心灵平静等方面获得全面成功，我们必须先设定目标，然后朝目标奋勇迈进。

1963 年，霍尔兹是南卡罗莱纳大学美式足球队有名的助理教练，他一心想当教练，这是他一直以来追求的目标。但是，他却意外地被总教练解聘了。总教练说他天生不是当教练的料，要他另谋他职。然而，当教练是霍尔兹人生的唯一目标，他决不会放弃，他喜爱这份职业，而且还为自己定下了一个看似不可能达到的更长远的目标：当上圣母大学的总教练。并且决定不达目标不罢休。

这时，俄亥俄州立大学及威廉玛利学院先后给这个有目标的年轻人机会，而他的表现也十分优异，因此北卡罗来纳大学便主动找他，聘他当美式足球校队总教练。霍尔兹欣然应聘，在他任教的 4 年中，该校足球队取得了前所未有的荣耀。

后来，霍尔兹又受聘于阿肯色大学，在 12 季球赛中，为该校再创反败为胜的最佳纪录。在阿肯色大学队受邀参加的橘子杯球赛中，他们的对手是实力强大的俄克拉荷马大学队。就在最关键时刻，阿肯色大学美式足球队中三名顶尖攻击球员在生活中犯了错误，霍尔兹不得不将他们逐出球队。阿肯色大学队骤失三名球员，报纸纷纷猜测，他们一定会自认不敌俄克拉荷马队，而放弃比赛。然而，阿肯色队的教练及球员，都没有放弃自己追求的目标，他们从来就没有退出比赛的打算。霍尔兹将队中的实力再次估量一遍，重新调整阵容，最后以超强的团队精神击败对手，让对方尝到橘子杯有史来最大的败绩。

1983年，霍尔兹离开阿肯色，到明尼苏达大学接受新的挑战。明尼苏达队过去曾叱咤足球场上，拥有一段风光的岁月，现一蹶不振。霍尔兹到那里执教不到两年，该队又重新在橘子杯中取得了好的成绩。并且，就在比赛开始之前，圣母大学向他下达了聘书，请他担任该校美式足球队总教练。霍尔兹终于实现了自己的人生目标。

安东尼·罗宾说："没有了目标，便丧失了生存的目的和方向，即使潜意识地决定生存也没有什么意义。"而要实现目标，第一步就要下定决心。道理很简单，只要你下定决心，不论你的目标是在工作、婚姻或其他方面，你都会竭尽所能地克服困难。没有决心的人，一遇阻碍便想弃械投降，这样的人，永远都会遭遇失败。

在人生旅途上，没有目标就好像走在黑漆漆的路上，不知往何处去。目标为我们带来希望，激励我们奋勇向前。当然，在为达到目标而努力奋斗的过程中，我们难免会遭遇挫折，但只要坚持，就一定能实现目标。

虽然目标能够激励我们前进，但是，对许多人来说，制定目标并不容易，原因是大多数人每天总是为日常工作而忙碌，没有时间来好好想想自己的将来。但这正是问题的症结，就是因为没有目标，每天才忙忙碌碌，却没有取得成绩。另外有些人没有目标，则是因为他们不敢接受改变，没有勇气应对新环境可能带来的挫折和挑战。这些人最终只会是一事无成！

清晰的目标能协助我们走向正确的方向，不至于走许多冤枉路，就好像赛跑选手一样，他们都是朝着终点进发，目的就是第一个冲线。更重要的是确定目标能使我们集中意志力，并清楚地知道要怎样做才能有所收获。

在生活中，那些缺乏目标的人，永远没机会淋漓尽致地发挥自己的潜能。因此，我们一定要做个目标明确的人，才能在事业上取得成功。不幸的是，多数人都没有树立明确的目标，他们每日上班的理由，只是为了赚钱养家。假使这是你今天去上班的唯一理由，那么你一辈子只能在平凡的岗位上，从事一份普通的工作。

不论是个人、家庭、公司或国家，都需要目标。做一个有目标的人，才能更好更快地获得成功。卡尔的成功，就足以证明这一观点是正确的。

卡尔随父母迁至亚特兰大市后，告诉父母他的人生第一个目标是上大学，然而他的父母和亲友都不支持，但卡尔心意已决，最后果真成为家中唯一进大学的人。但是一年之后，他却因贪玩导致功课不及格，被迫退学。在接下来的6年中，他过着得过且过的生活，毫无人生目标，他大半时候都在一家低功率的电台担任导播，有时也替卡车装卸货物。

有一天，他拿起柯维的第一本著作——《相会在巅峰》。从那时起，他对自己的看法完全改变，他觉得只要努力，自己也能成为一个成功人士。

重获新生的卡尔，终于了解到目标的重要性。的确，目标决定一个人的未来。卡尔的目标是重返大学，然而他的成绩实在太糟了，以致连遭大学拒绝两次！在遭到第二次拒绝之后的某天，卡尔无意间遇见院长，他恳求院长给他一次机会，院长答应了他的请求，准许他入学，但有一个附带条件：他的平均分数要达到乙等，否则就要再度退学。卡尔一改过去的散漫态度，以信心坚定，目标明确，内心无畏的姿态，重新踏入校门，他每季平均进修20个学分。经过两年零3个月，即以优异成绩取得学位。毕业后，卡尔进入了一家公司，他又给自己制定了新的目标，后来，卡尔成了这家公司的总裁。是什么使卡尔获得了成功？是明确的目标！

 习性点拨

> 由此可见，成功就是树立一个正确的目标，目标确定后，一个人才会最大可能地发挥自己的潜力，才能唤醒心中的巨人，才能调动身上所具有的那些优异、独特的品质，才能锻炼自己，造就自己。

有愿望的人才能走得最远

到法国去旅游的游客，很多人都喜欢去"邮差薛瓦勒之理想宫"的旅游景点，去看那一个个风格迥异的城堡。为什么这个旅游景点如此吸引人的目光呢？这其中的秘密不是它拥有某一个侯爵留下的故居，也不是有现代化的人工景点，它最大的魅力来自于它传奇般的建筑过程。

一百多年前，一位名叫薛瓦勒的乡村邮差每天徒步奔走在乡村之间。有一天，他在崎岖的山路上被一块石头绊倒了。

薛瓦勒起身，拍拍身上的尘土，准备再走。可是他突然发现绊倒他的那块石头的样子十分奇异。他拾起那块石头，左看右看，便有些爱不释手了。于是，薛瓦勒把那块石头放在了自己的邮包里。

村子里的人看到他的邮包里除了信之外，还有一块沉重的石头，感到很奇怪，人们好意地劝他："把它扔了，你每天要走那么多路，这可是个不小的负担。"

薛瓦勒却取出那块石头，炫耀着说："你们谁见过这样美丽的石头？"

人们都笑了，说："这样的石头山上到处都是，够你捡一辈子的。"

薛瓦勒回家后疲惫地睡在床上，突然产生了一个念头，如果用这样美丽的石头建造一座城堡那将会多么迷人。于是，他每天在送信的途中寻找石头，每天总是带回一块。不久之后，薛瓦勒便收集了一大堆奇形怪状的石头，但建造城堡还远远不够。

为了更方便地收集石头，薛瓦勒开始推着独轮车送信，只要发现他中意的石头都会往独轮车上装。

从此以后，薛瓦勒再也没有过上一天安乐的日子。白天，他是一个邮差和一个运送石头的苦力；晚上，他又是一个建筑师，他按照自己天马行空的思维来垒造自己的城堡。

对于薛瓦勒的行为，所有人都感到不可思议，认为他的精神出了问题。

在接下来的20多年时间里，薛瓦勒不停地寻找石头，搬运石头，堆积石头。在他的偏僻住处，出现了许多错落有致的城堡，当地人都知道有这样一个性格偏执、沉默不语的邮差，在干一些如同小孩子筑沙堡的游戏。

后来，法国一家报纸的记者偶然发现了这群低矮的城堡，这里的风景和城堡的建筑格局令他叹为观止，他为此写了一篇介绍薛瓦勒的文章。文章刊出后，薛瓦勒迅速成为新闻人物。许多人都慕名前来参观城堡，连当时最有声望的毕加索也专程参观了薛瓦勒的建筑。

现在，在城堡的石块上，薛瓦勒当年的许多刻痕还清晰可见，有一句就刻在入口处一块石头上："我想知道一块有了愿望的石头能走多远"。据说，这就是那块当年绊倒过薛瓦勒的石头。

当一块石头有了愿望后，准确地说，是赋予了人的愿望后，它便会变得有生命，因为它承载了一个人的理想。有了理想，便有了追求的目标，有了追求的目标，我们的一生就不会虚度，无论做什么，我们都会朝那个目标前进。

 习性点拨

> 如果没有理想，我们的人生绝不可能辉煌；没有愿望，在我们的精神生活中，则如同没有阳光。一块有了愿望的石头能走得很远很远，甚至能成为人们眼里最美的风景，何况一个有了愿望的人呢？

为自己树立一个大目标

渴望成功几乎是每个人的梦想，不过，走向成功的第一步就是要为自己制定目标。如果你追求的是大目标，你就不会满足于现状，你就会奋斗不息、追求不止。伟大的目标可以产生伟大的动力，伟大的动力导致伟大的行动，伟大的行动必然会成就伟大的事业。小目标，小成功；大目标，大成功，这个成功规律永远不会改变。

在我国唐朝的时候，在长安城西的一家磨坊里有一匹马和一头驴子。它们是好朋友，经常在一起谈心。马负责为主人拉车运货，驴子的工作是在屋里推磨。几年后，这匹马被玄奘大师选中，接受了一项艰巨的任务，与大师一起动身去天竺国大雷音寺取三藏真经。

13年过去了，这匹马跟着大师经历了千辛万苦，驮着佛经回到长安。大师受到重赏，而马也被人们精心打扮一番与大师形影不离，跟随大师去全国各地讲经。不久，朋友见面，老马跟驴子谈起了旅途的经历：浩瀚无边的沙漠、高入云霄的峻岭、火焰山的热浪、流沙河的黑水……驴子听了神话般的故事，大为惊异。

驴子惊叹说："马大哥，你的知识多么丰富呀！那么遥远的路程，那种神奇的景色，我连想都不敢想。"

马思索了一下，感叹道："老弟，其实这几年来我们走过的路程是差不多的。"

驴子不理解："哪里？我的确一点儿见识都没有长！"

马说："你想，我在往西域走的时候，你不是一天也没有停止拉磨吗？不同的是，我同玄奘大师有一个遥远而明确的目标，始终按照既定的方向前进。所以我们开了眼界，而你却被人蒙住了眼睛，一直围着磨盘打转转，所以总也无法走出这个狭隘的天地。"

没有大目标的人，无论在生活中，还是在事业上，都容易随波逐流。而胸怀大目标的人，既不会为眼前小小的"成功"所陶醉，也不会被暂时的挫折所吓倒。他们心中十分清楚，在实现目标的过程中，肯定会遇到一些艰难险阻。假如障碍轻而易举就能排除，那就证明自己的目标定得太低。

事实上，目标愈远大，愈能激起一个人的斗志。

在某次运动会上，小鹿参加了跳远比赛，可在预赛时，他怎么也跳不出心中理想的成绩，有时甚至跳得比一些初学者还近。

"教练，我该怎么办？"小鹿只好去向一旁的教练请教。

"记住，你并非是技不如人。"教练指着前方，"跳远的时候，眼睛要看着远处，你才会跳得更远。"

可见，我们无论干什么，都要为自己树立一个大目标，大目标，大成功。只有制定远大的目标，才会有崇高的意义，才能开发一个人潜在的能力。正如戴高乐将军所言：眼睛所看着的地方，就是你会达到的地方。唯有伟大的人才能成就伟大的事，他们之所以伟大，是因为决心要做出伟大的事。

 习性点拨

> 我们在设定目标时，要选择那些有一定的难度，但对你又有足够的吸引力的，这样，你就会竭尽全力地去完成，当心动的目标与必然能够实现的信念合二为一时，成功就离我们不远了。

世界为有目标的人让路

一位成功学家曾说："明确的奋斗目标是我们行动的依据。没有目标，我们的热忱便无的放矢，无处依归。有了明确的奋斗目标，我们才会有斗志，才能开发我们的潜力，才能把我们带到成功的彼岸。"的确，生活中那些有理想、有追求、有上进心的人，一定都有一个明确的奋斗目标。因此，我们应该懂得自己活着是为什么，并且围绕着一个明确的长远的目标进行努力，这样才有可能取得卓越的成就。

爱因斯坦是 20 世纪最伟大的科学家。他所取得的成就，是世界公认的。他之所以能够取得如此令人瞩目的成就，和他一生具有明确的奋斗目标是分不开的。

爱因斯坦小学、中学的学习成绩平平，虽然他有远大的理想，但他也有自知之明，知道凡事必须量力而行。他在进行自我分析时认为：自己虽然总的成绩平平，但对物理和数学有兴趣，成绩较好。因此只有在物理和数学方面确立目标才能有出路，其他方面是不及别人的。因而他读大学时选读瑞士苏黎世联邦理工学院物理学专业。

由于奋斗目标选得准确，爱因斯坦的个人潜能就得以充分发挥，他在 26 岁时就发表了科研论文《分子尺度的新测定》。以后几年，爱因斯坦又相继发表了四篇重要科学论文，发展了普朗克的量子概念，提出了光量子除了有波的性状外，还具有粒子的特性，圆满地解释了光电效应，宣告狭义相对论的建立和人类对宇宙认识的重大变革。取得了前人未有的显著成就。可见，爱因斯坦确立目标的重要性。假如他当年把自己的目标确立在文学上或音乐上，恐怕就难于取得像在物理学上那么辉煌的成就。

成功者总是那些有明确目标的人，鲜花和荣誉从来就不会降临到那些没有目标的人头上。

根据研究表明，芸芸众生中，真正的天才与白痴都是极少数，绝大多数人的智力都相差无几。然而，这些人中却有的事业有成，有的却碌碌无为，本来智力相近的人们，为什么其成就却有着天壤之别呢？

某权威结构曾就这一问题在一群智力与年龄都相近的优秀年轻人之中进行过一次关于人生目标的调查，调查结果如下：

　　3%的人有自己清晰的目标，后来他们几乎都成了社会各界的精英、行业领袖；10%的人有清晰但比较短期的目标，后来他们几乎都是各个领域的成功人士，生活在社会的中上层，事业有成；60%的人只有一些模糊的目标，后来他们基本上属于社会的大众群体，生活在社会中下层，事业平平；27%的人没有目标，后来他们过得很不如意，工作不稳定，常常怨天尤人。

　　由此可见，明确而清晰的目标对于一个人的成功起着至关重要的作用，而生活中的那些失败者，大多数是没有明确目标的人。

　　玛丽娅大学时常在报刊上发表文章，又是天生的运动健将，凭着聪明和美丽。她被选为校刊的编辑和女子篮球队的队长。无论做什么，玛丽娅都能做得十分出色。大学毕业时，玛丽娅希望自己成为编辑——一个富有魅力又受人尊重的职位。于是，凭着自己的实力和出色的表现，玛丽娅很快在伦敦的一家杂志社找到了工作。但是，一开始她只能担任助理编辑的工作。

　　作为助理编辑，玛丽娅的工作重点是核查拟用文章中的事实和引证，这是紧张又不讨好的工作。作家和高级编辑在拿出文章发表之前很少去核查事实或挑错。但是一旦出错，助理编辑就会受到严厉的批评，而且还必须写解释信说明自己的疏忽。因此，这是那种只有在出错时才会被注意到的工作。不过，核查事实的工作如果做得好，一年以后就可以作为记者出去采访那些作家想写进故事中而自己没有时间采访的对象。一个成功的记者就有机会发表自己的作品。然而，玛丽娅只做了4个月就辞职了，因为她觉得助理编辑的工作离她的目标——高级编辑太遥远了。

　　辞职后的玛丽娅很想成为一名女子篮球队教练。几经努力后，她回到了母校担任了大学女子篮球队的助理教练。但刚干了半年，玛丽娅又辞职了。"大学女子篮球队平时还是以学习为主，我在那里几乎无用武之地。所以我辞职了。"玛丽娅对她的家人和朋友这样解释说。

　　接下来，玛丽妞又进入一家销售公司，并发誓要成为世界上最伟大的推销员。可是，诚如大家所料，玛丽娅做了一年，又辞职了。

　　现在，玛丽娅逢人就抱怨自己运气不好，既成不了高级编辑，又无法成为篮球教练，更无法实现成为最伟大推销员的梦想。

事实上，玛丽娅之所以无法实现自己的目标，并非是其运气不好，而是因为她的目标太多。正如一位著名人士所言："两个以上的目标等于没有目标"。事实的确如此，假如玛丽娅有明确的奋斗目标，并付出努力，那么今天她很可能已是一名受人尊重的高级编辑，或是一名职业篮球教练了。

一个人只有制定明确的奋斗目标，才能产生前进的动力，目标不明确，行动起来也就有很大的盲目性，就有可能耽误时间和影响自己的个人发展前途。

不过，在制定目标时要注意以下几点：

首先，对每一个渴望成功的人来说，制定的奋斗目标都要与自身情况相符。制定目标时，首先要充分估价自身的素质，并对周围的环境有一个清楚的认识，制定的目标要符合自身的实际情况，这样才能沿着正确的方向前进，否则，就会劳而无功。

其次，目标制定后，要立即付诸行动，并且拟定与目标相关的必须做的所有工作的日程表。比如，你决定两年内当上技术部的经理，那么你就要写下今年要达到的目标，再订出每个月要实现的目标，以及每周、每天要做的事。如只有计划而不行动或所作所为没有为目标服务，那么最终也会碌碌无为。

 **习性点拨**

> 　　在实现目标的过程中，肯定会遇到困难。这就要求我们坚持下去，要按计划有步骤地做下去，要用看得见的目标不断地鼓励自己，而不是放弃。

从最近的目标开始

"三年之内我要坐上经理的位置"。

"半年内我的销售业绩要达到公司前三名"。

"我要攀登珠穆朗玛峰"。

"我要横渡长江"。

给自己制定了诸如此类的目标后，我们几经努力，却离目标还是那么遥远。于是，沮丧、失落、挫折感油然而生。在我们经常为那些得不到的而烦恼时，却没有想到去审视自己，是否具备达到眼前目标所需要的条件呢。

一位年轻人满怀烦恼地去找一位智者。他大学毕业后，曾豪情万丈地为自己树立了许多目标，可是几年下来，依然一事无成。他找到智者时，智者正在河边小屋里读书。智者微笑着听完年轻人的倾诉，对他说："来。你先帮我烧壶开水！"

年轻人看见墙角放着一把极大的水壶，旁边是一个小火灶。可是没发现柴火，于是便出去找。他在外面拾了一些枯枝回来，装满一壶水，放在灶台上，在灶内放了些柴火便烧了起来。可是由于壶太大，那捆柴火烧尽了，水也没开。于是他跑出去继续找柴火，等找到了足够的柴火回来，那壶水已凉得差不多了。这回他学聪明了，没有急于点火，而是再次出去找了些柴火。由于柴火准备得足，水不一会儿就烧开了。

智者见年轻人坐在烧开的水旁发呆，便问："如果没有足够的柴火，你用什么办法才能把水烧开？"

年轻人想了一会儿，摇摇头。智者说："如果那样，就把壶里的水倒掉一些！"

年轻人若有所思地点了点头。智者接着说："你一开始踌躇满志，树立了太多的目标，就像这个大壶装的水太多一样，而你又没有足够多的柴火，所以不能把水烧开。要想把水烧开，你或者倒出一些水，或者先去准备柴火！"

年轻人顿时大悟。回去后，他把计划中所列的目标划掉了许多，只留下最靠谱的几个，同时利用业务时间学习各种专业知识，几年后，他的目标基本上都实现了。

只有删繁就简，从最近的目标开始，才会一步步走向成功，万事挂怀，只会半途而废。

在此需要指出的是，虽然从最近的目标开始更容易获得成功，但是，我们还应该注意以下两点：

其一，要有明确的目标。

要想让目标产生效果，"明确"二字是关键，合理的目标必须是明确而具体的。

生活中有不少人，有些甚至是非常出色的人，就是由于确定的目标不明确、不具体而一事无成。

目标不明确，是模糊的，泛泛的，就像大海上没有舵的船，永远也无法到达目的地。目标不明确，行动起来也就有很大的盲目性，就有可能浪费时间和耽误前程。

猎人带着三个儿子去草原上猎杀胡狼。

他们到达了草原后，父亲问大儿子："你看到了什么?"

"父亲，我看到了你们、胡狼、草原、猎枪，还有偶尔穿过的羚羊。"大儿子回答说。

父亲点了点头，接着问老二说："你看到了什么呢?"

"父亲，我看到了草原、胡狼、猎枪。"老二回答说。

父亲仍然只是点了点头，又接着问老三说："你又看到了什么呢?"

"父亲，我只看到了胡狼。"老三回答说。

"孩子，你答对了。你一定会成为一位出色的猎手!"父亲高兴地说。

其二，目标要专一，不要丢了芝麻，也得不到西瓜。

森林里，饥饿的老虎发现了一只兔子，便不顾一切地扑了上去，兔子躲闪不及，一下被老虎逮了个正着。

就在老虎准备咬死兔子，用它来充饥时，一只小鹿刚好从森林里经过。

"那只小鹿是那么的肥胖，抓住它，就足够我美餐一顿了。这只兔子又瘦又小，也就够塞塞我的牙缝而已。"一想到这里，老虎便松开爪子，追赶小鹿去了。

小鹿见敌人追来，便不顾一切往前猛跑，老虎在后面拼命地追。追了一段时间后，老虎因饥饿，早已体力不支。眼看着小鹿与自己的距离越来越远，老虎只好放弃追赶，而返身去寻找刚才抓到的那只兔子，但兔子早已逃得没了踪影。

饥饿的老虎最后什么也没有得到。

要想成就事业，在人生的某一个时期或一生中，一般只能确立一个主要目标。目标过多，会使人无所适从，应接不暇，忙于应付。

习性点拨

> 生活中，有一些人之所以没有什么成就，原因之一就是经常确立目标，也经常变换目标。
>
> 在追求成功的过程中，如果在选定了最近的目标并注意到这两点时，目标就更容易实现，而每一个小目标的实现，都是为我们将来实现大目标而打下的基础。

不断地制定后续目标

生活中，很多人都有过这样的经历：实现了一个目标后，自己好像浑身有使不完的劲，往往立即精神抖擞地投入到下一个目标中，好像只有这样才会觉得日子充实而有意义。如果达成了一个目标，而不知道下一步做什么时，我们就会很快变得烦躁不安，甚至由失望到绝望。因此，生活中那些真正具有智慧、在事业上取得巨大成功的人，大多是那些在达成一个目标后，又不断制定出后续目标，并朝着后续目标不断努力的人。美国前总统乔治·布什就是这样的一个人。

布什成长于战争时期，接触过众多不同的人和迥异的文化，懂得了什么是艰险与危难，也曾亲身感受过失去亲密朋友的痛苦。

在海军服役三年后，布什带着一种走向新生活的理想回到了自己的家乡。此时的布什，一位海军退伍兵，年龄不算大，但从外表看却完全成熟。

布什进入了大学，开始追求一种新的人生。他说："对战前我所熟悉的生活我不感兴趣，我在追求一种完全不同的生活，寻找一种充满挑战，冲破常规的生活。我不愿意看到自己成为个凡夫俗子，每天高高兴兴地持月票上班、下班，每周干五天满一个循环。"

在耶鲁大学的两年生活中，布什又在为新的生活努力准备和拼搏进取了。他说："回到了平民生活之后，我迫切地感到需要早日获得文凭并尽可能快地进入实业界。我得养家糊口。"

布什热爱工作，努力学习，表现突出。因此他被选为美国大学优秀生组织的成员并获得其他荣誉。后来，布什放弃了申请罗兹奖学金的选择，他以优异成绩毕业。曾经是身着校服的运动员并积极参加过学校其他活动的布什，获得罗兹奖学金是十拿九稳的。为了尽早进入实业界，渴望并且需要到活生生的社会中去做点工作而闯出一番事业的布什，决定放弃这个做研究生的选择，向实业界进军。

1948 年从耶鲁大学校园中走出的乔治·布什，满怀着对生活的热爱、对事业的追求，驱车直往西得克萨斯，决心在生活中去寻找与过去有所不同的东西，因为他觉得得克萨斯和那些油田才是有为青年们去的地方。

布什先在奥德萨的艾德克公司的仓库——一个小小的、长方形的铁皮屋顶的建筑里成为了一个设备管理员，但就从这里，布什开始了石油业务的起步。

一年后，德雷塞工业公司（艾德克公司的母公司）把布什调到加利福尼亚。他先在亨廷顿公园做一名油泵公司装配工，后在贝克斯菲尔德成为一名羽毛渐丰的推销员。

布什工作认真负责，当推销员时，整天带着个手提箱冒着酷暑往来奔波。

布什说："要致富必须出大力。"为了过瘾地赚钱，1950 年他的全家奉公司调令，离开加利福尼亚前往称为"西得克萨斯油都"的米德兰工作，对此布什说："事业在召唤，我们不得不回去。"

经过两年多的实际业务操作，他的经验逐渐丰富，此时的乔治·布什已开始大刀阔斧地闯天下了。

1950 年末，他下了独立门户干事业的决心，乔治·布什与约翰·奥弗比合伙成立了布什奥弗比石油开发公司，成了一个独立企业主。然后，他靠着自己的经验知识与对事业的热情和敢于冒险的精神，筹措资金，购买土地采矿权，一步一步地将公司发展经营壮大起来。

在 1951 年 8 月，萨帕塔近海石油公司成为一个独立的石油生产公司。它的证券进入了美国股票交易所，公司总部搬进了休斯敦俱乐部大楼。公司成立 5 周年时，它已拥有一个 4 部钻塔的钻井队、195 名雇员和 2200 位股东了——而该公司的总经理就是来自米德兰的乔治·布什！

已成为得克萨斯石油大亨的他并不满足和习惯于过去的一切，他又在寻求新的目标了。而一旦制定了新的目标，他就决不退缩，韧劲十足地干下去。在米德兰时，一种不可遏制的实业冲动使布什进入石油界，现在他又产生了另一种不可遏制的冲动——打入政界，进军华盛顿。

1964 年竞选参议员失利却更加激起了他义无反顾的热情。1966 年 2 月，也就是竞选参议员失败 15 个月以后，布什辞掉了在萨帕塔石油公司中董事长兼总经理的职务，全身心地投入众议员竞选之中。

命运之神又把厚爱赐给了这个对事业孜孜以求的挑战者。布什成功了。从此，他步入政坛。

 习性点拨

假如布什很容易满足，那么他最多只能成为一名金牌推销员，但是他一直不断地给自己制定新的目标，所以他成为了得克萨斯的石油大亨。至此，许多人以为已经成功的布什会停下脚步，去享受财富，但是，布什依然没有停下追求的脚步，他开始进军政坛，直到登上权力的巅峰——坐上了美国总统的宝座。

目标要适宜

任何人要想获得成功，在制定奋斗的目标时，就一定要根据自己的实际情况来确定，要能够发挥自己的长处，如果目标不切实际，与自己的自身条件相去甚远，那就不可能达到。几年前，美国沃顿商学院的教授南迪先生曾接待了一位前来该校咨询的女生，这个 17 岁的女孩是一位非常成功的印度企业家的女儿。

"你想要做什么？"南迪教授问女孩。

"我想上沃顿。"女孩回答说。

为什么要上沃顿？原来女孩从媒体上看到沃顿在 MBA 排行榜中名列前茅。

"可是你还太年轻。更为重要的是，你的专业知识很薄弱，没法去读工商管理。"南迪教授接着说，"你必须先完成本科的学习，工作至少 3 年，然后才能可能申请工商管理硕士。"

"可是，如果等到读完本科，再工作 3 年，那时我就到了结婚的年龄了。我可不想那样做，因此我现在就想读工商管理，并且一定要在沃顿读，我一定要拿顶尖 MBA 的学位回来。"女孩的回答斩钉截铁。

"你为什么把目标定得与自身实际情况相距甚远？而且还这么坚定，这么着急？"南迪教授不解地问。

"我将来一定要在生意上比我父亲更成功，他原来想要儿子，但我要证明给他看，女儿同样能做得很好。但我知道，经营企业是一件很困难的事，因此我必须读沃顿的 MBA 班。"女孩再一次坚定地向南迪教授表明了自己的意愿。

的确，女孩说得没错，她确实需要好的教育，但是她制定的目标与其自身所具备的情况差距太大了。事实上，她需要冷静考虑，分析自身情况后再制定适合自己发展的目标，而不是盲目地给自己定下一些难以达到的目标。

后来的事实正如南迪教授所担心的那样，这位女孩被沃顿商学院拒绝了，原因是她不具备学院要求的所有基本条件，因此，她目前根本无法进入沃顿。

可见，制定目标不能凭一时的冲动，必须适合自己的能力和兴趣，还必须能制定出实现它的长期的配套计划，只有这样，目标才有可能实现，理想才不会落空。

在 1984 年的东京国际马拉松邀请赛中，名不见经传的日本选手山田本一出人意料地夺得了世界冠军。

当记者问山田本一凭什么取得如此惊人的成绩时，他平静地说：用智能战胜对手。当时许多人都认为，这个偶然跑到前面的矮个子选手是在故弄玄虚。马拉松赛是体力和耐力的运动，只有身体素质好又有耐性的人才有望夺得冠军，说用智能取胜确实有点勉强。

两年后，在意大利北部城市米兰举行的国际马拉松邀请赛上，山田本一代表日本参加比赛。这一次山田本一又获得了冠军。

记者又请他谈经验，山田本一回答的仍是上次那句话：用智能战胜对手。这让许多人对他的"智能"感到迷惑不解。

10年后，这个谜底终于揭开了。山田本一在他的自传中写道："每次比赛之前，我都要乘车把比赛的路线仔细地看一遍，并把沿途比较醒目的标志画下来，比如第一个标志是银行；第二个标志是一棵大树；第三个标志是一座红房子……这样一直画到赛程的终点。比赛开始后，我就以百米的速度奋力冲向第一个目标。40多千米的赛程，被我分解成这么几个小目标而轻松地跑完，起初我不是这样做的，我把我的目标定在40多千米外终点的那面旗帜上，结果只跑了十几千米就疲惫不堪。我被目标的遥远吓倒了。"

山田本一之所以获得了成功，其关键在于他把一个本来难以实现的目标，分割成了一个个与自身条件相符并且容易实现的小目标。当一个个小目标实现时，大目标也就实现了。山田本一的成功给了我们这样一个启示：当你沉迷于眼前的目标时，一定要先衡量自己的实力。如果实力不够，就应该及时放弃，或像山田本一那样，先分解目标，然后再去逐一实现。

 习性点拨

> 在实际生活中，如果我们的行动偏离了目标，那就要改变做法，寻求正确的途径；如果目标是脱离实际或者错误了，那么就要修改目标或者重新确定目标。事实上，制定的目标越大，得失就越多，相应地，挫折感也就越大。所以，我们应该理智地学会放弃那些大而空洞的目标，选择伸手可及的、与自身相适宜的目标，这样才更容易获得成功。

不做就永远没有机会

大家都知道，世界上万事万物都是发展变化着的，如果遇事非要等到准备周全的时候再动手，往往就会错失良机。不管你想做的事情是大还是小，如果只是计划，而不去落实，那么永远只能是空想；如果计划再完美，而不愿承担任何风险，总想着等时机成熟时再行动，就有可能失去解决问题的最佳时间。如果等到万无一失才去行动，那么根本就没有行动的机会。

张三在东山上砍柴时，发现一只会说话的小鸟出现在东山上。据老辈人说，这是一只幸运鸟，谁要是能捉住它，并把它带回家养着，它就为谁带来功名富贵、平安吉祥、健康长寿。因此，没有人不想得到它。

张三回到村里后，向村里人隐瞒了自己发现了幸运鸟的事实，他决定自己一个人独自上东山捕捉幸运鸟。但张三没有立即动身，而是在家里做捕鸟前的各项准备工作。首先，张三想到东山上到处都是荆棘，每前进一步都比较艰难，因此，得带上一把斧头。于是，张三找出多日未用的斧头，却发现斧头早已锈迹斑斑。

这样的斧头怎能砍断荆棘呢，张三想到这里，便找出磨刀石，磨起斧头来。等斧头磨好后，张三又想，现在的太阳正火辣辣的，爬山肯定会出许多汗，自己得带上一大壶水。可水壶已很长一段时间没用了，于是，张三拿着水壶到河边清洗，费了很长的时间才把里面的污渍清洗干净。

张三拿着斧头和水壶出门了。快到东山脚下时，他突然想起，自己捉到幸运鸟后，是把它放在衣兜里还是捧在手心里呢？放在衣兜里或许会闷死；捧在手心里，如果自己一不小心摔倒了，幸运鸟肯定会飞走的。想到这里，张三便转身回家，准备编织一个鸟笼，拿着它上山，自己捉到幸运鸟后将它放在里面，肯定就万无一失了。

于是，张三回家后，跑到阁楼上翻出几根葛藤，把它浸泡在水里，待葛藤泡软后，才用它编织了一个小鸟笼。

等鸟笼编好后，日头已偏西了。

张三赶忙加快步子向东山赶去。当来到山脚时，他发现自己腿上的绑腿已松开了，便找到一块大青石，坐在上面，细心地解下绑脚，然后再一圈一圈将绑腿扎好。

等张三直起腰时，发现幸运鸟已从他头顶上空飞过，并向远方飞去。原来，幸运鸟每到一个地方只呆一天，在太阳落山时，就会飞到另一个地方去。

假如张三发现幸运鸟后，不是把时间浪费在准备各项琐碎的事情上，而是直奔东山，幸运鸟就有可能属于他了。

现实生活中，有很多人如同张三一样，在决定做某一件事之前，总是把主要精力和大部分时间都用在准备上，而迟迟不见行动，这样做并不理智。因为在等待的过程中，不仅不能实现自己确定的目标，而且会失去行动的机会。反之，如果你一开始就立即准备去做，就会发现做一件事情最大的阻碍往往是来自于自己的内心，更主要的是缺乏立即行动的勇气。有了勇气下决心立即行动，紧接着往下做就会是顺理成章的事情了。

 习性点拨

毫无疑问，要想做成功一件事，适当的准备是有必要的，但如果把所有时间和主要精力都放在准备工作上，却不是明智之举。只有积极地去做，才是成功的保证，有行动才会产生结果。行动具有激励作用，行动是对付懒惰的良方。要想追求完美的生活，你要做的第一件事不是设计蓝图，而是行动，然后再考虑完善自我或完善目标。

增强自信的方法

哈佛大学医学院的心理学家罗伯特·贝特尔教授认为："如果我们有很强的自信的话，我们每个人都能比平常所表现的要更好。"那么，怎样才能建立自信呢？以下是罗伯特教授总结的建立自信的 6 个步骤。他认为，不论你现有的自信度如何，只要循此步骤去做，你就会增加自信心去面对生活中的每个挑战。

第一步：告诉自己，一定要实现目标。

生活中，大多数人即使确立了目标，由于并不渴望成功，所以也就缺乏自信心。反过来说，因为不寄予希望，所以嘴上经常挂了这么一句"我做不到"而放弃。

不管你从事什么工作，在工作上追求快速成长而始终认真如一、向目标奋勇迈进的人，总是占少数。大多数人往往只求投入一半心力，并不积极地全力投入。

想要拥有自信，就要有"这才是我唯一的工作"，这种全神贯注的信念是非常重要的，抱着半途而废的心理绝不可能产生自信。

第二步：要有最好的准备。

为了成功，凡事都需做好万全的准备工作。如你在向人推销商品时，保有自信的最好方法，就是事先准备好无论在任何场合见面，都可提供给对方好的商品，以及提供让对方接受的方法。再有，为了不使对方感觉浪费时间，采取什么样的话题、方式，以适当表达出重点，也必须在事前做深刻的了解和准备。

第三步：重心放在你的长处上。

有成就的人知道把精力放在自己最擅长的地方。当你集中精力做好一件事情时，你会觉得自信心增强。林肯可以成为一名一流的律师，但他选择做政治家。他认为他能在历史上写下新的一章，因此决心以毕生的精力来完成这个使命。事实证明他的确做到了。

第四步：从你的错误和失败中记取教训。

"我们浪费了太多的时间，"一位年轻的助手对爱迪生说，"我们已经试了2万次了，仍然没找到可以做白炽灯丝的物质！"

"不"爱迪生回答说，"但我们已知有2万种不能当白炽灯丝的东西。"这种精神使得爱迪生终于找到了钨丝，发明了电灯，改变了历史。

错误很可能致命，错误也会造成严重的后果，但往往不在错误本身，而在于犯错人的态度。能从失败中获得教训的人，就能建立更强的自信心。

第五步：放弃逃避才能产生信念。

爱迪生说："在你停止尝试的时候，那就是你完全失败的时候。"欠缺自信的人，将终日与恐怖结伴为邻。越是被恐怖的乌云所笼罩，自我肯定的机会也就越是渺茫。分析恐怖，就是克服恐怖的第一步。请就下面的几个问题向自己发问，并切实回答。

我所害怕的到底是什么东西？实际上它又如何呢？我所害怕的东西真正存在吗？抑或只不过是想象而已？难道我的内心理所当然应该充满恐怖吗？

其实，你所恐怖担心的事物一旦面对现实时，你的心里往往会有"最糟糕大不了如何……"的万全准备，这种"大不了"的心理，正是你可以克服恐怖习惯的最佳证明。所以，这些造成你不安的恐怖事物，说穿了并没有什么，我们如果将其真面目分析得仔细一点儿，你会发现你所畏惧的"幽灵"，原来不过是一株枯萎的树影罢了。你将会为自己深深陷入的恐怖感到好笑。只要勇敢面对，不但可以从此消除恐怖的阴影，而且能够产生坚强的自信心。

第六步：要确实遵守自己所制定的约束。

这是增强自信的最后一个步骤，也是所有步骤中最简单且最具效果的。此处所指的约束，任何一种都可以，而且若能包含你的工作、经济、健康等各种问题，更能收到一石二鸟的效果。

所谓"约束"并不仅仅是在头脑中约束自己，你可以试试在纸上签上自己的姓名会更具实践的效果。比方说"从今天起一周之内，我每天早晨要起来慢跑"，或者"从今天起一周之内，我要比平常早30分钟出门上班"等都可以，将它写在纸上，填上日期，签上姓名。

约束的内容如何并不重要，重要的是将它写在纸上后，不论发生什么样的障碍，都务必要确实遵守。记住：成功的秘诀在于恒心。

当你对自己做了某种程度的约束后，在遵守这种约束时，你会发现由于实践而产生了自我信赖，这种自我信赖便是你已开始坦然面对自己的实证，此时自信当然也会根深蒂固地成为你的勇气与力量。

 习性点拨

> 大多数人在实行这种自我约束时，多半会有优柔寡断、迟疑不决的心态，即使实行了，一旦遭遇到挫折又会随即住手，然而若是用这种写在纸上的签名方法，可能就不大容易半途而废了。不管多么微小的事，一旦立下"只要决心去做一定会成功"的信念，自信便会油然而生。

做一个追梦的人

每个人都有梦想，但仅有梦想是不够的，要让梦想成为现实，就需要我们付出百分之百的努力。下面这个寓言故事说的就是这个道理。

百灵鸟在成为歌王之前，还是一个胸怀大志却默默无闻的小鸟儿，但它相信自己的能力，它有一种强烈的欲望，它最大的愿望是和当时的歌王夜莺一起登台唱歌。

百灵鸟从遥远的山头飞到夜莺所在的拉迪山时，因一路风尘，羽毛已失去光泽，在其他鸟儿的眼里，它就像一个流浪者。但百灵鸟没有在意它们的嘲弄与讥讽，因为，它心里怀着一种非常强烈的"像梦又像希望的异乎寻常的东西"，这东西在它心里熊熊燃烧着，促使它去行动，去叩响夜莺的大门。

夜莺被百灵鸟的精神感动，同意以后有机会带它向台演出，但前提条件是要百灵鸟先拜他为师，跟它学习一段时间的基本乐理后，再考虑让它上台一展歌喉。

百灵鸟同意了，为了把梦想变成现实。它觉得什么样的付出都值得，它明白所有的努力和付出都是为了实现自己的目标。

一年后，百灵鸟终于和夜莺同台演出了，它优雅的歌声征服了所有听众的心，有人甚至认为它的歌声能与夜莺相媲美。

百灵鸟终于让自己的梦想变成了现实，它之所以能够成功，就是因为它把梦想在内心深处转化为一种自我激励的驱动力。

"梦"在大多数时候是指我们的理想、追求的目标，或是美好的期待。因此，做一个追梦的人比精神空虚者要强得多。没有梦想的人生一定是灰暗的人生。当然，有了理想就要行动，否则，就是空想、幻想。

 习性点拨

事实上，过分沉湎于空想的人必定是一个有严重逃避倾向的人。具有这种思想的人，虽然有远大的理想，但由于行动上一再拖延，或者根本就不愿行动，因此，他只有在虚无中寻求一种心理上的自我满足。